LOCUS

LOCUS

LOCUS

LOCUS

touch

對於變化，我們需要的不是觀察。而是接觸。

a *touch* book
Locus Publishing Company
11F, 25, Sec. 4 Nan-King East Road, Taipei, Taiwan
ISBN 986-7600-59-2 Chinese Language Edition

July 2004, First Edition

Printed in Taiwan

創業之終結

作者：李志華・陳榮宏
責任編輯：湯皓全　美術編輯：何萍萍
法律顧問：全理法律事務所董安丹律師
出版者：大塊文化出版股份有限公司　e-mail: locus@locuspublishing.com
臺北市105南京東路四段25號11樓　**讀者服務專線：0800-006689**
TEL:(02)87123898　FAX:(02)87123897
郵撥帳號：18955675　戶名：大塊文化出版股份有限公司

總經銷：大和書報圖書股份有限公司　地址：台北縣五股工業區五功五路2號
TEL:(02)89902588（代表號）　FAX:(02)29901658
排版：天翼電腦排版印刷股份有限公司　製版：源耕印刷事業有限公司
初版一刷：2004年7月

定價：新台幣350元

touch

創業之終結

從微觀角度看高科技創業最近的未來

Start-Up? End-Up!

李志華・陳榮宏

資深創投的教戰守則

目錄

作者序一

李志華

這本書沒敢請任何人幫忙寫推薦序。

理由很簡單，我認識的朋友中與這個題目相關的就是投資界的朋友與創業的朋友。可是我們出的書一本是《創業之終結》，一本是《創投之逆轉》，看起來既打擊創業者似乎又在唱衰投資同業似的；一看這書名與內容就讓人尷尬得很，哪有創業者會承認說創業已經沒有機會了？又哪有什麼投資者會承認自己作的行業沒搞頭？我們不想讓朋友爲難，只好來個作者自序，聊備一格。

回想起來，這兩本書足足寫了一年多才完稿，寫的痛苦不堪。

苦的不是打字、寫書或是文思枯竭之類的尋常問題；我與榮宏寫過前幾本書以後早就練成一身快速中打的功夫，加上我們在創投業歷練也夠久了，當然題材豐富、文思泉湧，動輒上萬字不是問題……眞正讓人難過的是過去這一年來我們天天都在婉拒人！拒絕到連自己都有些不舒服，還要把過程再度描述出來？這種經歷就有點像是二度傷害囉。

婉拒人本來就很難說出口，偶一爲之還可以，可是一旦每天都要拒絕人，那日子實在是有些恐怖；時間一長，拒絕多了以後連上班、接電話、看電子郵件都有些害怕，擔心繼續下去我非得「事業自閉症」不可！（當然了，你可以辯說，那些被我們拒絕的人日子豈不更難過？說的有理，不過我自顧不暇，管不到他們了！）

緊抱過去成功模式不放成爲我們的拒絕往來戶

說來我們過去婉拒最多的有四種人：第一、婉拒投資創業者千辛萬苦寫出來的營業計劃書，第二、婉拒同業善意的投資邀請，三、婉拒創投同行換跑道到我們這裡來，第四、婉拒管理更多、更大的投資基金，因爲實在是找不到好的投資機會。

總而言之，過去這一年，我們所作的都是創投界的「**反行銷**」！把所有上門的投資案子、人、錢、事、合作機會等等一概往外推！只要是有關於創業、投資的議題，我們的基本態度與原則都是負面表態。

爲什麼呢？其實我們所拒絕的四種人都有一個共同的特性：他們**都還活在過去！都還緊抱著過去的成功模式不放**；所以我們拒絕了他們。

婉拒多了，上班的膽戰心驚，既怕聽到什麼不好的消息，又怕今天不知道又要得罪哪些人之類的！這種同時面臨創業與投資雙重黑暗時期的壓力實在是一種生理與心理雙方面的煎熬！

有人好意的關懷說這只是季節變化而已，等景氣循環轉過來就一切大好了……面對這樣善意的關切我們只能苦笑兩聲；我們心知肚明，如果這僅僅是季節變化或是循環時候就表示會有起、有伏；只要熬過冬天就可以期待春天的到來……問題是我們已經看到不管創業或是創投都已經面臨到永久性的結構改變！這種變化早已經脫離了景氣循環的軌跡，我們所看到的、所聽到更讓我們堅信：

不管創業或創投，過去的成功模式都已經不再適用了，不管創業或是投資都需要採取「顯著的」、「快速的」、「結構性的」與「徹底的」改變才有機會找到第二春！

不管創業或是投資者，如果還抱持過去的做法，必然是前途堪憂，徹底的玩完了！

過去這些日子我們三不五時都會聽到國內、國外哪家公司「belly up」（翻肚），或是某家創投基金決定解散、分家（也就是創投「掛了」的意思），這些掛掉的公司都是我們聽過的案例，有些是我們掃街認識的朋友，這些掛了的公司背後的投資者也不乏平日哈啦的同業，聽多了實在充滿了些兔死狐悲之感。

這種現象與過去完全不同。

早些年前，每次聽到有公司掛掉、有創投同業案件「槓龜」或是「踢鐵板」的時候，大家難免有些幸災樂禍，趁機譏笑兩聲說他們眼光不行，然後有意無意的藉以彰顯自己的獨到與優秀。

可是最近看到這麼多的 start-ups（新創公司）一家家因爲資金不繼而倒閉的時候，我們卻笑不出來，取代的是深深的擔心，深怕自己所投資的公司會不會也面臨這種局面？如果這種資金不足的情形眞的發生到自己所投資的公司時，要不要全力救助？能不能救得起來？還有哪些同業有能力、有心情一起來救？想想就有些寒顫。

其實書中所描述的兩個現象（創業玩完了，與創投玩完了）不只我們看出來，很多創投同業都很清楚這些改變，聽說不少的創投公司內部報告也都提到這樣的現象，可是知道是一回事，怎麼應變、要不要應變又是另外一回事情，「應變得早」還要加上「應變的大」才可能有機會，如果應變得晚，或是心存僥倖的虛應故事一番，那實在是「錢」途不妙，可就真的是玩完了……

創投必要的結構性改變

先拿「創投經營」來說，我不知道其他同業是不是都作了必要的調整，但我與榮宏認清到這種改變趨勢難擋，兩人就與相關的同事作了幾次討論後開始大龍擺尾，進行重大改變。既然這是產業長期結構性的改變，我們也開始進行結構性的應變。所以達利採行了幾個應變措施，放棄舊有的做法，開始推行全新的 turn around（重整基金：TARF, Turn Around and Rescue Fund)。

首先是我們凍結了新人的招募。

去年是達利與康利第一次沒有僱用新人的一年，本來我們每年都會招募幾位新人的，可是過去一年來雖然每天所接觸的營業計劃比以前更多，有些還是透過各種朋友、同事特別打招呼送來的，可是經過研究與討論後我們認爲傳統的創業成功因素已經不同，傳統創投的作業方式也不是我們想要的做法，因此在確定新的作業方式之前暫時沒有必要再招募新人了。

至於放棄了傳統創投的作法，換以全新的TARF佈局方面，我們也是即知即行，毫不遲疑。

過去我們積極的掃街，到處拜訪各種可能的創業者，只要是有興趣創業的人我們就與他們討論如何協助他們創業，聽到任何營業計劃都興趣盎然的接洽，尋求各種可以投資的機會，定期拜訪創投同業尋求各種合作可能性等等；總體而言，過去的創投案源用的是螞蟻雄兵的方式掃街，掃到的案例越多越好，深怕有遺珠之憾，可是改成TARF以後，我們的投資對象就不再是掃街尋找或是等人家上門來了，我們改成只對某些特定對象有興趣，我們在TARF方面的新做法包括：

一、選定少數幾個特定產業深入了解上、下游的關聯性與成長瓶頸、空間；

二、在特定產業裡面找尋值得轉型的對象；

三、深入了解值得轉型的對象的現有股東組成；

四、密集接觸經營團隊，然後再作綜合研判，判斷這些案例是不是適合進行TARF？一旦確定以後就集中火力與資源進行該特定對象的 turn around。

除了這些差異以外，新的TARF做法與傳統的創投還有更多的不同，榮宏會另有有詳細的描述，請參考他的序文。

創業成功模式的改變

至於「創業前景」，我們在書中也是非常不看好，原因要回溯一些歷史。兩年多前，很多指標都顯示出IC產業是臺灣的金雞母產業，前景一片大好，尤其是SOC更是當時的熱門題目，加上政府也大力推展「兩兆雙星」；其中的「兩兆」指的就是LCD（液晶顯示產業）與半導體IC設計產業，因爲他們所產生的價值都是以兆元爲計算。

既然大家都看好IC產業，所以我們就以挨家挨戶拜訪的方式拜訪臺灣可以找到的每一家IC設計公司；前後兩年多，我們總共拜訪了將近三、四百家之多，然後在裡面選出五、六十家作更頻繁與深入的拜訪討論，然後再次選定了將近二十家作爲我們投資的標的，經過大約兩年的努力，從結果來看，只有少數幾家因爲時機太晚或是價錢實在是談不攏，而成了遺珠之憾以外，其他的IC公司我們都如願以償地成爲他們的股東。

等那一輪的投資告一段落後，我們把所有已經投資的公司一一表列出來，這才發現我們所投資的標的公司竟然大多數都是設計 power IC 的公司！至於SOC或是熱門題目的IC（如無線通信，手機核心晶片……）等等，一家都沒投！這是怎麼一回事？爲什麼我們過去這兩年的投資會這麼集中，只集中在 power IC 領域呢？其他前景看好的標的物爲什麼都不能通過我們的投資審核？

榮宏與我經過多次自我探討，也請教許多專家、同業，還特地到美國、大陸去拜訪相關的廠商與同業，最後我們終於作下結論：「除了power IC以外，其他的ＩＣ相關領域的創業算是玩完了！」，這個結論剛作出來的時候連我們自己都難以接受，怎麼敢對外聲張？

所以我們決定再深入的挖掘其他可能的高科技領域，希望找出可以投資的其他高科技項目，ＩＣ創業玩完，不代表其他高科技領域沒有創業的機會吧！

沒想到，我們越深入研究後，心情越發地沉重；**本來以為只有ＩＣ產業沒有創業機會，後來竟然發現我們所探索的幾個高科技領域都很少有赤手空拳、白手起家的創業機會了！**這個發現真讓人有些洩氣囉。

在研究中發現了許多理由，這些理由在書中都有詳細的說明；例如可以作的題目不多，所需要的資源超過創業者所能負擔的程度，以及投資者觀望，深怕先進去先被套牢等等；這種結論實在是有些驚世駭俗，連我們自己寫書的時候都感覺鍵盤敲得越來越沉重。

macro 來看機會無窮，micro 來看處處碰壁

等到這兩本書初稿送到大塊出版社的時候，郝明義先生以及編輯朋友拿了另外一本書《創造之夢・企業之心》給我看，問我為什麼其他人認為科技以及創業的前景還是一片大好？為

什麼與我們兩個人的觀點差這麼多？我很感謝大塊出版社的朋友當場考問這樣的問題，給我們一個很好的刺激與探索的機會。

等榮宏與我當場翻完那本書的目錄以後，我們就知道答案所在了！

因爲我們是投資者，所以我們比較注重的是 micro（微觀、個體）的角度來看創業機會，所以我們的結論是現在要再創業的話，會碰到很多的困難，我們自己不願意投資，相信也很難找到其他有願意投資的人，所以我們說創業玩完了。

可是由 macro（巨觀、總體）的角度來看，現在資訊科技的基礎才剛建立，網際網路才讓人類可以無遠弗屆的接觸到各式各樣的資訊，寬頻才剛剛起步，總體看來科技的演進這才萌芽，未來許多的應用與發展都還在摸索與演進中，所以未來新興機會當然是無窮無盡的！

因此巨觀、總體經濟科技演進的看法，與微觀、個體創造事業的出發點幾乎完全不同，再舉幾個更明確的例子來說吧，

第一、以個人、微觀（micro）的角度來看，創業總希望五年左右可以有個明顯的成功跡象（不然拿不到後續的錢），所以創業需要的是「明確」的題目與明確的進展，而不是靠著模糊的概念來募款！就我們投資者的角度來看，光有模糊的概念除了自己的老爸（連老婆都很難說）以外，是沒有人願意出錢投資的。

第二、以創業的角度來說，因爲資源得來不易，又是非常的有限，所以所作的題目怕的

就是太大、太廣、太模糊；創業需要的是集中火力，是專注，這才能夠說服投資者出錢，也才可能會有成功的機會；從這個角度來看，廣義的說，或是模糊的說未來的創新機會無窮等等，這對創業者而言有如海市蜃樓，沒什麼切入點，也沒有實質的幫助。

記得當時有位朋友接著問說：照這樣看的話，這些廣義的、進化的、總體的角度所得到的創新、創業機會會出現在哪裡？會由那些人來掌握呢？

我很明確的回答說：絕大部分的新興機會都會由**資源雄厚，技術底子深厚的大企業所掌握，所以留給個人創業的機會不多**。

至於我們說的對不對？時間會說話的。

《達利教戰守則》揭密

最後應大塊出版社以及一些關心朋友的詢問，我需要把過去所寫的幾本創投書籍作個說明。

第一本書《**微笑禿鷹**》寫的是我看到創業由美國矽谷搬回臺灣的趨勢，所以由達利主導把晶捷搬回到臺灣的寫眞紀錄片，那本書是以六、七年前ＩＣ創業、創投由美國移到臺灣的新趨勢爲主，間接也把創投的心態與手法作些描述。

第二本書《**流氓創投**》所注重的是創業者與創投者之間的愛、恨、情、仇以及在劍道、劍術、劍招上面的角力（也是合作）與心路歷程的寫實紀錄；這第二本書也是我與榮宏把多年在創投業的合作與手法的大公開，目的是讓創業者充分了解到投資者的獲利企圖心、思路的縝密以及招術、手法的細膩。書中很多做法後來都在創業界、投資界取得共鳴；最顯著的是現在每次投資者與創業者見面的第一個問題幾乎都是「你能對我們公司有什麼價值或是幫助？」，這種先談「價值」後談「相對價錢」（每家投資的價錢未必相同）的現象在過去是很少這麼普遍的。

第三本、第四本書又把**《創業之終結》**，**《創投之逆轉》**一起出版，這兩本書談到了我們對創業、投資相對（也是互相合作的）兩個行業的親身體會，描述出產業的結構性改變，以及新的創業、創投產業該走的新方向；同時我們也把過去幾年來在創投過程中長年安身立命的道、術、法一一系統的整理出來。

在我們看來，把這四本書裡面所提到的想法與做法整理在一起以後，就成爲達利不傳之密《達利教戰守則》的攻防紀錄完整版；我們兩人以及許多創投同業的功力，也在短時間內就被讀者「吸星大法」所吸收，讓初進創投業的菜鳥可以馬上與創投老鳥達到功力相當的程度；即使是完全沒有創業經驗的初創公司也可以藉此了解到投資者的想法，以及如何與投資者作更有效的互動；這是我們當初寫書的眞正目的。

可惜的是現在實在是好景不在！「創業」大環境似乎成了海市蜃樓，「創投」的冠冕也黯淡無光……連我們自己都常常深思：創業真的就走到盡頭了嗎？難道創投業者滿懷經綸卻沒有更好的舞臺來發揮嗎？

其實未必！

樂觀的說英雄造時勢，所有的歷史機會總會重複發生，只要有本領在身，那怕沒有機會敲門？這種說法我當然同意，所以我先在這裡祝福這些樂觀的讀者，只要有本領，很多地方都會有新興的創業與投資的機會，雖然成功模式或許與過去不同，但新的機會與新的領域是不會消失的。

怕得罪不必要得罪的人所作的特殊聲明

最後我要表明兩點：

第一、書中所提到的人與事雖然都是眞實故事，可是許多投資案例、人事都有雷同的地方，加上我們刻意的加油添醋以及馬賽克模糊焦點的處理後，可以確信的是，我們所說的公司、個人以及案例等等絕對不是指你，更沒有暗示任何人的意圖，請千萬不要自己對號入座。

第二、再來要交代的就是針對創投的題目，我們會不會繼續寫創投的書？會寫些什麼呢？針對這個問題我與榮宏討論過，未來與創投、創業相關的內容只剩下幾個題目可以寫，例如「**購併的實務攻防經驗談**」、『**TARF紀實錄**』，或是「**大陸投資的酸甜苦辣紀實**」，「**企業內

部創業優勝劣敗」等等。我們對這四個主題都有實際經驗，也都有現成的案例可以寫；可是我們擔心的是一旦寫出來，這種題目色彩鮮明，很容易就被人按圖索驥的找出當事人與相關的人事環境，加上這幾個題材都非常敏感，牽涉到太多難以描述的情節，既然寫書是爲了好玩，只是爲了經驗的溝通，而不是寫眞集或是洩密錄，所以我們討論幾次以後，還是決定不要寫比較好。至於以後會不會變卦？以後的事情誰也不知道（創投決不會把話說絕的）。

最近的感觸

既然作者自序，我還是要藉著這個機會說說自己最近工作上的一些感觸以及未來計劃。

去年開始有些新的頭銜與工作加到我頭上，除了創投、TARF的工作以外，竟然還被**明基總經理李錫華**「邀請」（或許應該說是指派吧？）去負責明基的法務！他是我多年好友，不過他這一下可讓我吃盡苦頭，讓我增添許多嚴峻的挑戰！

年少輕狂的我雖曾申請過一個海外名校的法律班進修，可是被斷然拒絕，從此就無緣接受任何法務的正規訓練，沒想到多年後會有人要我一個門外漢去當一個上千億營業額公司的法務長？我這才深深體會到「名過其實」的壓力與負擔。

爲了不讓推薦我的朋友背負識人不明的罪過，也不敢讓我多年的老闆**明基與友達董事長李焜耀**因爲用我這外行人當法務長而破壞他「知人善任」的美名，我只好啞巴吃黃蓮的每個週末在家裡面翻判例、苦讀合約、還要學著與律師群共同討論合約，海K法律文件，開始不恥「上」問的問許多單純、stupid（愚蠢）的問題；有段時間實在是度日如年，長吁短歎的很。記得每次讀合約或是研讀歷史資料到半夜還不能睡覺的時候，我就怨嘆的很，眞沒想到做事近二十年都想要提早退休的我竟然會一時想不開，還會答應從頭學習一個全新的領域!?實在是自討苦吃，早知道當時就應該婉拒的。

沒想到這一年多下來，處理過許多法律的人與事以後，我竟然發現法務領域裡面也有許多趣味；還好當初沒有婉拒這個新機會，不然就沒有機會體會法律事務的挑戰與樂趣了。尤其是當我累積幾分經驗以後，常常會把創投與法務作個比較，這時更發現兩者相輔相成之處，有許多共同點，也有許多互補的地方；這種樂趣只好自己偷偷的吃三碗公，不可多所張揚，以免引起太多人的覬覦，在我還有兩年任期屆滿之前就存心搶我的位子（當時我就怕作不下去，所以只答應作三年法務，不再延任）。

對了，我還發現法務與當初我剛進創投這個行業一樣，都沒有實用的入門參考書。坊間許多法律書籍都硬梆梆，對一個外行人而言根本不適用，雖然每家書局都有許多民法、刑法、專利法、商標法……可是對一個管理者應該如何管理法務事情，該如何與公司內部律師打交道，該如何管理外部律師樓，該如何處理法務糾紛，如何拿捏等等；都沒有實務經驗的參考書存在，這下又讓我發現了一個出書的市場！所以我打算等我法務工作有些成果以後開始用同樣的筆法來寫法務的書籍，如同當初寫創投的書一樣，把這個行業裡面相關的道術法都來個武俠小說似的描述，讓人人認識法務，就像人人認識創投、認識創業一樣，這也不錯吧！

最後我要特別謝謝我的父母對我的教育以及成長過程中的啓發，尤其是今年三月間我親愛的大姊離開了我們，也離開了這個世界，大姊在世時不斷的叮嚀與照顧，以及父母面對親情的不捨與感情的流露都讓我感觸良多；父母以及二姊在大姊離開以後，傷痛之餘還是不斷給周圍親人最大的關懷與照顧，這種親情與無己的愛心，讓我一想起就久久不能自已。這個過程中非常感謝我太太與三個小孩對我的體諒與關懷，每次我心情不好時就找我下棋、玩牌或是陪我出去散步、講話，讓我可以順利度過心情的起伏，也讓本書可以順利完成；想起過去十多年我工作上的起伏與飄泊，家人總是給我堅定的支持與容忍，實在是讓人感恩。

寫書過程中還要謝謝明基、友達、達利每位同事給我的協助，讓我可以在工作之中抽出許多時間來完成這兩本書的共同寫作，尤其是多年好友兼事業夥伴的榮宏（書中的畢修）經常以寬宏以及提醒來包容我的許多作爲，要不是他的全心參與以及胸襟，我們在達利、康利的經驗與成果是不可能這麼豐富的。

另外我要特別謝謝郝明義先生的幫忙，願意幫我們出這兩本書。我與郝先生是透過朋友的介紹而認識的，過去幾年來每次他有好書出版總是會寄一本給我先睹爲快，每本書都很有特色；有一段時間我對出版社充滿興趣，請教他很多出版行業的相關機密，他竟然知無不言、言無不盡，還分享許多他的心路歷程與特殊心得，這些過程與分享都讓人感動，特別在此表達感謝之意。

當然了，當作者的人還需要感謝的是各位讀者願意花錢、花時間來看這兩本書，如果你對書中所寫的事情有不同看法的話，歡迎來信；我與榮宏生性都喜歡與人辯論，書中許多論點與觀察本來就是充滿著主觀與爭議性，所以每個人都可能會有不同的看法，反正眞理是越辯越明，大家多談創投，多談創業，或許會讓這兩個行業恢復生氣，如果可以從辯論中找到其他不同的出路與成功模式更好！創投界、創業界將近有兩、三千人都曾經與我們見過面，因此很多人都知道我們的電子信箱，歡迎各位創業者、投資者或是讀者們寫信向我們表達不同的意見，等著你的回音了。

作者序二

陳榮宏

創投的生活大不如前

眾所皆知，西元二〇〇〇年之前的過去二十年是創投的好時光，你只要看看那二十年辦公室設備的變化就可以知道爲什麼：過去二十年辦公室裡從打字機、telex，一路進展到人人一部PC；傳眞機從八〇年代中期開始無聲無息地侵入每個辦公室，到今天幾乎被E-mail取代掉，從有線電話到人人一隻手機；電腦與通訊的科技發展在過去二十年徹底改變了我們公私兩邊的生活，同時也替我們創造了無數「一本萬利」的投資機會。未來科技的發展，當然我們今天無法清楚描繪出來會往哪個方向走，樂觀的講法是將來可以投資的機會只會更多不會更少，但根據我們過去兩年來尋找投資機會的經驗，可以拿來作爲創業的題目是越來越少，這就是爲什麼這兩年來在創投界一直找不到好的投資標的的原因。今天我們欠缺的不是資金（很多國內的創投甚至是手上抱一堆資金而苦於找不到投資標的），而是好的投資機會，那些具有創業精神的創業家以及他們能夠找到的有潛力的創業題目才是讓創投「眾裡尋它千百度」的稀有資源。

照理講，創投的生活應該是每天都在外面尋找投資機會，整天在與創業者打交道，只有偶爾才會與創投同業聚會交流，交換一下情報以及對投資的看法；但是過去這一年半來，我發覺我個人與其他創投同業交流的機會越來越多，而與新投資案的創業者打交道的時間反而一直呈現遞減狀態。「我們達利已經六個月沒有投資新案子了！」「喔，我們最近的投資動作也很slow！」這是我一年前與某創投同業的對話；「達利除了最近一個turn-around的案子外，已經十八個月沒有投資新案子了！」「我們除了portfolio companies的增資案外，也是找不到新案子可以投資！」這是我最近與另一創投朋友的對話；本來我一直以爲是因爲達利太過挑剔，太過保守，沒想到與幾個創投同業交流過後才發覺「找不到好案子投資」好像是今天創投行業裡的普遍現象。「那接下來做什麼呢？」「什麼時候投資的景氣才會回春呢？」幾乎是最近每一次與創投同業聚會時互相提起的問題；對於後面一個問題，有樂觀派有悲觀派。樂觀的認爲景氣總是在一片悲觀中回升，在投資景氣最低潮的時候是創投爲下一波景氣佈局的最好時機，因爲這個時候的投資價格最便宜，日後的投資報酬率一定也是最豐厚；悲觀的認爲再也找不到像過去二十年遍佈在資訊科技業那樣有發展潛力的創業題目了，創投界的黃金歲月已經是一去不復返了。對於前一個問題，部分的創投一直在苦思對策，但我最近也聽說有部分創投同業已經著手縮編節省開支，準備度過這還沒看到何時會結束的「投資嚴冬」；更有幾家創投同業索性把管理的基金委託其他創投代管，自己卻將基金管理公司結束營業。

我與志華在一年前即有一種「好案子難尋」的感慨，在一次志華從美國回臺灣後（過去幾年志華總是美國、臺灣兩地來回，每次各約停留兩週；所以他在臺灣時，我會問他什麼時候回美國；在美國時，我又會問他什麼時候回臺灣；而他總是在回美國或回臺灣後，帶來一些有創造性或突破性的想法），告訴我他幾經思索認爲市場上有投資價值的案源枯竭是大勢所趨，創投接下來能夠做的就只剩下TARF（turn-around and rescue fund，重整基金）以及NPAM（non-performing assets management，不良資產管理）了；對於NPAM，我們由於不熟而決定先花一些時間向行家學習後再說；但對於TARF這個方向，由於我們兩個過去的工作有很多的實務hands-on經驗，對自己也都抱有十足的信心，所以我們當下就決定把整個達利的資源轉向移往TARF案子的尋找；足足一年，我們透過各種管道尋尋覓覓，找到並評估過幾個可能的turn-around案子，但是除了我目前正在做的「劍度」以外，全都「不可行」；部分是因爲「病入膏肓爲時已晚」，部分是因爲「找不到施力點不適合我們做」，但有更大的部分是因爲「創業者主觀上不認爲他的公司已經到了需要被turn-around的地步」；「癩痢頭的兒子還是自己的好」，要這些創業者承認公司的經營已經不行了，要他們讓出經營權以引進外援來救公司，在心態上他們是很難接受的；我就看過幾家這樣的公司，拖過了「急救時機點」，最後只好眼睜睜見她壽終正寢；有些甚至是公司實質上已經掛了，但卻還在氣如游絲似的經營，經營者不承認公司實質上已經倒閉，完全沒有繼續經營的價值，但卻留住幾個領不到薪水的員工在撐著場面，宛如「企業僵屍」——只是一具還會動的屍體。

天不絕人願，就在我們苦於找不到出路的時候，同屬明基集團的友達光電主導了一個T

ARF的案子——劍度，我個人也因爲這個案子被轉調到友達以劍度的董事長身分去負責劍度經營績效的整頓。

從去年十二月十六日我在劍度的董事會裡被推舉（其實是任命）爲董事長後，我就一頭栽進「劍度的體質改造以及轉虧爲盈」的任務裡；很幸運的，我們在今年一月就轉虧爲盈，今年前四個月的獲利就已超前目標；今年五月是我們主導劍度TARF案例之後的第一次對外公開現金增資，雖然事先我擔心因爲總統大選後臺灣股市不振，可能使得對外募資不順利，可是事後證明有意投資認購的投資者還是絡繹不絕，投資者對劍度未來的獲利展望充滿信心。雖然這只是我們第一個TARF案子初期的績效表現，未來還是會有許多變動因素需要繼續觀察與管理，但對於這次參與從事TARF作業的同仁而言，這樣的績效總是一大利多，並發揮了積極的鼓舞效果。

這次對外募資中，有很多創投同業也來共襄盛舉，雖然我與他們都是舊識，但是談到投資，他們沒有一個不是一板一眼，該做的 due diligence（查核）一樣也少不了；不出預料地，他們都問到我是如何使劍度在我們介入經營後的第一個月就轉虧爲盈。一來、大家都是同業，我也不好打虛招，二來、他們都是可能的投資者，我更需要說實話；三來、我對自己的成績還頗滿意，更沒必要說客氣話。所以呢，我當然是如實以告，有四個因素缺一不可；一、雖然過去一直處於虧損狀態，但劍度本身的體質並不是壞到無可救藥的程度，而且原有的團隊在能力以及士氣上，只要加以適當的調整及組織改造，還有很大的向上提昇的空間；二、友達在技術上的支援，甚至必要時可以派出整個技術團隊前來支援；三、明基及友達聯手建立的實用管理平臺以及優質企業文化的輸出，讓我可以在短時間內就讓劍度建立一個健康的組織架構及管理制度，這一點是我認爲最重要的關鍵因素；四、我也不客氣地說，我個人以及從友達徵調來的兩個同仁也發揮了有用的效果。

從創投的業務到TARF的執行，我個人歷經的轉變不可說不大，但由於我在進入創投行業之前就有將近二十年的管理實務經驗，再加上友達、明基在後面無條件給我的資金、管理、技術以及人力上的全力支援，才能讓我在短短半年就交出一張還令自己滿意的成績單。回想這半年，我在劍度做的這個TARF案子與之前做的投資案，在本質上有極大的差異，大概可以分爲下述三方面：

第一、過去的創投注重 portfolio 以及風險分散，TARF卻是注重集中火力。

過去創投在投資手法上面首重 portfolio 的安排，與風險分攤，所以很多傳統創投針對手上的投資資金都會作事先預定投資的產業與投資家數的 portfolio 作些原則性分配，基本上對一個產業或是同類型的案子不可以投資太多，更不可以集中在某個產業或是某家公司；總括而言，過去的創投是「案源多多益善」、「投資注重分散風險」。現在把焦點改成TARF以後，我估計以我們的現有人力一年充其量也祇能主導一、兩個案子而已，而且TARF的每個案子所需投入的資金都是一般創投案例的數以倍計，就拿我們所作的一個案例來說吧，第一次我們決定投資進去的金額就將近十億元！所以達利現在的投資原則是精挑細選、集中火力、重點投資一、二個「年度大戲」。

第二、過去創投的業務我們能做的多只是旁觀指導，現在TARF則需要捲起袖子親自下海。過去創投對每個單一投資案子所能投入的時間與關切的程度要有所分寸，不可過少，更不可過多；不然一個人管不了幾個案子的，最好對每個投資公司的管理都僅止於董事會、股東會以及三不五時偶一爲之的提醒與關切就可以了，創投的身分像是岸邊指導游泳的教練，千萬不可以自己跳下去，不然時間資源馬上就被耗光。可是TARF案件我們所投入的人力負擔很重，因爲你負的是全責，所以必須是全職。在劍度的TARF案件上面，我們對投資的管理不但是參與董事會，還眞正地主導該公司每天的經營管理會議與日常工作，雖然原管理團隊大部分還是留在原來的崗位上繼續奮鬥，但最後的成敗必須由我們一肩承擔，這不就等於是我們在經營一家公司嘛！不管大大小小的事情都是我們的責任，我們的角色突然從「敲敲邊鼓」成爲「公親變事主」！去年我們才作一個案子，達利與康利兩家投資公司的人手就被吸走了大半數！

第三、過去創投一有獲利機會就盡快獲利了結，不可戀棧；可是作TARF以後，每個案件卻都是長期抗戰，一插手以後就不能輕易說落跑就落跑。我們TARF案件的切入都是先進行減資，再以較低的價格投資一定的比例之後進去主導經營；其他股東之所以同意讓我們以低價投資、取得經營權的原因，就是他們期望我們的介入能夠使這家公司起死回生轉虧爲盈，並在長期有發展成卓越公司的機會，所以我們一旦介入就得要有長期抗戰的準備；心態上像是在養自己的小孩，不等他長大成人事業成功是不可能出場的；經營成功了，榮耀與獲利你是雙收；經營失敗了，投資的虧損以及名譽的損失你也都要承擔，這種心態與過去創投的「盡快獲利了結」完全不同。

回頭想想還好我們改變得快，也加上友達給了我們劍度這場及時雨，所以達利、康利過去一年多的績效還頗令人滿意，雖然未能凌駕群雄，但我們在TARF上面的做法倒也逐漸在業界打開了一些知名度；至少現在主動找上我們合作的TARF案件比以前多了許多。有關我們如何將劍度轉虧爲盈的整個九彎十八拐過程的「眉眉角角」以及崎嶇轉折，即使到現在才只有六個月，但已經充滿了各式各樣可以與經營管理教科書媲美的案例內容，我正在考慮是否等到劍度這個TARF的案子有一個令人滿意的結局時，把過程中我碰到的問題以及這些問題最後是如何被解決的，另外集結成冊寫成一本「實戰錄」。

成功之道無它，少犯錯而已

有創投業的朋友問我「爲什麼在繼《流氓創投》之後，還要繼續寫有關創投及創業的書？」

我想一方面除了好玩，以及在找不到投資案時自己找些事來做外，一方面也是我們想把自己的一些經驗及對產業的觀察與大家分享（這個理由聽起來不太像是禿鷹的本性）；雖然這兩本書我們都是以負面的筆調來敍述創投工作中的所見所聞以及親身經歷，但是相信有心的讀者必定可以從我們這些負面的敍述中找到一些有助益的材料的。

世事的運轉無論古今中外，總是如此，只要你成功了，自然會有很多人來幫你編故事，報導你可歌可泣從萬難中一路走來的掙扎奮鬥，過程中令人迷炫的曲折故事，事後想起來令人讚歎的先見之明，以及接下來你要追逐的偉大目標。這些文人加工過的成功故事總是含有大量的事後諸葛，總是有一堆人事時地物的巧妙安排。成功，從某個角度看只是在適當的時機努力不懈地去做了一些適當的事，別人成功的故事等你知道時，時態上都是屬於過去式，「對的時機」已然隨風飄逝，或者大環境已經改變，你想要如法炮製恐怕最後呈現出的結果也無法如願。所以，我們能從他人成功的故事中學習的東西其實非常有限，這些成功的故事充其量也只是提供給我們一些激勵因子，讓讀者在心裡產生「有爲者亦若是」、「彼可取而代之」的雄心壯志而已。

其實只要你暫時拋開那些嘗試把這些成功人士神格化的報導，近距離地觀察這些成功的人士，你會發覺他們在過程中也是戰戰兢兢、一路上少不了跌跌撞撞，最後的成功也不過是比別人少犯一些錯，在機會臨幸時比別人早一步掌握到，當然努力不懈是絕對少不了的。對於有心學習的讀者，眞正有用的是「踏著別人的錯誤往前走」，別人犯過的錯誤，我們銘記在心，避免重蹈覆轍；讓那些犯過錯的人替我們支付通往成功的學費，這是爲什麼我與志華繼《流氓創投》後，又把我們過去兩年在從事創投工作觀察到別人所犯的錯以及一般創業者的迷思現象撰寫成這兩本書的原因。

作爲一個創投從業人員，我們也是從別人過去犯過的錯誤中，一步一腳印，一邊做一邊學；除了找到對的投資標的外，協助已投資的創業者把公司從無到有、從小到大、一步一步地拉拔長大，是我們日常最花時間的地方。達利花了兩年的時間掃街，把國內的IC設計業未上市公司掃過了幾圈，認識了兩百個以上的創業者，也與其中一些創業者建立了惺惺相惜的友誼，我們非常慶幸有這樣的機會能夠協助其中一些創業者擬訂他們的經營策略、產品發展策略及市場行銷策略；但我們更清楚我們對這些創業者眞正最有用的價值是在幫助他們少犯一些日後會令他們後悔的錯誤，雖然這樣的貢獻通常沒有辦法在一開始時就得到他們的肯定。

這樣的理由應該可以說服讀者接受爲什麼這兩本書總是以負面的案例及語氣來鋪陳故事的發展。

創投的工作內容

自從《流氓創投》一書出版後，我經常被問到「創投到底是一個什麼樣的行業？」「做創投的好像每天都穿著光鮮亮麗，坐在高級辦公室裡等創業者上門求見，創投除了手上有錢，還需要具備什麼條件？」「從事創投業最大的挑戰以及困難是什麼？」其實創投的工作一點都不像從表面上看起來那麼的優雅輕鬆，創投的工作也像其他很多類型的工作一樣，充滿著辛苦甚至可以說是辛酸。

創投成敗的關鍵在於能否發覺並投資未來可能成功地以高價上市（或高價被購併）的公司；並避免踩到地雷，投資一些怎麼扶也扶不起的「阿斗型」公司。創投每天都需要面臨很多來自「不確定感」的壓力，絕大多數的時候你必須在資訊不完全（或甚至有誤）的情況下做出一些金額在千萬元以上甚至上億的投資決策；你決定投資的公司會不會「出師未捷身先死」，你決定不投的公司會不會「峰迴路轉一路發到底」，在這取捨之間，常讓你輾轉反側；更難過的是，所有你的投資絕對都不會是「一翻兩瞪眼」，每一個決定都是「欲知後事如何，且看『三、五年後』分曉」；每一個決定的「不確定感」總是會如影隨形地跟著你繞樑繞個三、五年，然後你才能聽清楚那個餘音奏的是「快樂進行曲」還是「kiss and say good bye」。

創業者經營事業就像是指揮家在指揮一個交響樂團，團員是他僱的，曲目是他編的；創投投資了後就像是買門票進場聽一場音樂會一樣，你只是個觀眾，你沒有辦法下場替他指揮；當然，你相信這個指揮家他心裡也是想奏出「快樂進行曲」，但中途會不會二黃轉中板——變了調，你無法預知也無法控制，只能在一邊乾著急，頂多也只是替他檢查一下樂譜對不對，要不要換個譜來奏，提琴手勝不勝任，要不要換個提琴手，是不是旋律裡少了鼓聲，要不要添個鼓。在你獲利或認賠出場前，你的心情總是隨著他的樂音而起伏不定。

創投對一個投資案常常猶豫不決、不敢投、投不下手，也常常不敢不投；大家都說這個領域是明日之星、是未來的金雞母，而爭相投資，你就算心裡覺得不紮實，從眾以及怕沒有跟上的心態也讓你不敢不跟著投。所以，過去在創投界一窩蜂及盲從的現象也是屢見不鮮所在多有。在股市進入多頭行情時，急如熱鍋螞蟻的不是那些看錯方向的放空者，而是那些滿手抱著現金的空手，因爲看錯了方向可以修正，但是那些空手，會因爲自己一時疏忽錯失賺錢良機而後悔不已。創投會有一窩蜂及從眾的現象也是因爲這樣的心情。越多人下注的投資案是越熱門，不跟著投是如坐針氈，寧願冒一點風險也不能在這賺錢的熱潮中缺席。二〇〇〇年時的網際網路及光通技術的投資熱潮不就是擺在我們眼前最佳的例子嗎？

另外，創投還偶而會碰到一個兩難的局面，在一個已經攻下的碉堡裡，前有敵方重兵環伺，後面援軍未到的情勢裡，你是要棄守還是要冒著槍林彈雨朝著下一個碉堡匍伏前進。已經投資的案子，照理講對創投來說已是一條不歸路，但是公司的經營沒有起色，你是要從此認賠了事（這樣會不會錯殺無辜？），還是要投入更多的籌碼跟進（這樣做會不會越陷越深？）。

就像在棒球場上，創投每次就打擊位置時心裡想的多是打全壘打，至少也要能揮出一支安打，上壘後再想辦法盜壘；輪到你有機會拿著球棒站上打擊區時，你必須拿定主意，是要當鈴木一郎只求揮出短程安打以拉高安打率呢，還是效法 Barry Bonds，每次打擊都奮力一揮，棒棒都想揮出滿壘全壘打。在打擊板上你有時還會碰到很會吊球的投手，乍看他投出的是一個適合揮大棒的好球，但近身一看，根本是個大暴投；你要是一時不察，果眞奮力揮棒——那就是蔣幹盜書——上了大當囉。在棒球的規則裡，每次你有三次打擊機會，揮棒落空三次你才算三振出局，但是對創投而言，每次你都只有一次機會，揮棒落空一次你就出局，當然一次的出局並不表示比賽就輸了，但棒球比賽的輸贏不就是靠著一棒一棒的安打累積得分的結果嗎？！所以也難怪創投對每一筆投資總是如履薄冰如臨深淵。

創投的工作絕對不是如一般人想像中的輕鬆愉快。

創投與創業者的關係

有某一個創投同業曾經形容創投與創業者很像是陸海空三軍及聯勤總部之間的關係，打仗時，陸海空三軍在前方抗敵，隨時必須冒著生命危險，在槍林彈雨中力求爭取最後勝利，這通常是我們要求創業者做的工作；而創投就像是聯勤總部，大不了就是在後方揮汗如雨，辛苦一點而已，生命危險是談不上。打敗仗了，前方的「英勇戰士」要比後方的「無名英雄」要受傷得嚴重；打勝仗了，前方的「英勇戰士」是出盡鋒頭勳章滿天飛，而後方的「無名英雄」可是眞正的「功成不必在我」。

我的經驗裡創投比較像是前面擺著水晶球的算命家，替人鐵口直斷將來事業會不會成功；只不過是這個水晶球表面凹凸不平，水晶球裡面的影像看似清楚卻又閃爍，讓你的眼睛看得好不吃力。不同點是創投在替人算命時是不收費的，碰到本命不好的大可轉身就走；碰到命裡八字帶點斤兩的，趕快掏錢給對方，拜託對方收下當成上京赴考的盤纏，還深怕對方不要你的錢，如此賭對方的前途，無非是期待他日這個貴公子要能夠金榜題名一人得道時，你就圖他個跟著雞犬升天。創投的功力如何也正可以比擬「算命的功力」，有些好的創投總是能夠像「紅佛看李靖」——早知他是英雄，在創業者還在慘澹經營的時候，就敢放膽投資他，當然日後收穫也必令人稱羨的；有些苦命的創投，可能是因爲他的晶球球面太過凹凸不平，總是沒有能夠清楚地看清對方的命盤，老是花了冤枉錢賭錯人。

讀者諸君，您說要做好創投所需要的功力是不是跟會不會看相有一點相關呢？關於創投生活與工作內容，讀者將可以在書中看到更多更有趣的描述。

我這幾年所接觸的創業者，感覺他們大部分的時候是孤獨的，創投能提供的最大價值就在扮演「友直、友諒、友多聞」的角色。但是通常來說，創業者與創投之間的關係也是會隨著不同階段（時間、雙方心態、公司經營狀況、競爭狀況）的改變而改變的。交換過名片的朋友、免費顧問（友多聞）、投資關係（友多文）、實質顧問、合作無間的夥伴、朋友（一生難得幾個的）。前面一段相互間透過溝通互相了解己方是否能給對方帶來價值，對方是否能給己方帶來利益；後面一個階段已經有了投資關係，其實大家已經在同一條船上同眠共枕，利益是休戚與共，除非是一方覺得另一方做出對不起他的事，心裡感覺委屈，否則通常能夠一起走一段相當長人生（公司成長）的道路；最是詭譎的是投資前的議價談判，那時雙方的關係有點類似零合的遊戲，你多一點我就少一點，雙方總是在期待對方能夠了解「有捨有得」的大道理；此時的談判協商甚至會到爾虞我詐針鋒相對的地步，反正各爲各的最大利益在努力，從商業運作的角度來看，也算是無可厚非，每一個人都是在做他份內該做的事（everyone is just trying to do what he is supposed to do.）。

有些時候，創業者會擔心創投中有一天會利用它們雄厚的資金資源，想辦法稀釋經營團隊的股權，請他走路，接手公司的經營，如此他的畢生心血將拱手讓與他人。當然這樣的擔心是可以理解的，因爲過去的經驗裡也不缺創業者最後讓出經營權、退出經營團隊的實例；只是一般來說，創投最不想要做的就是介入公司的經營，除非是創業者已經把公司經營得一團亂了，創投才會爲了保障自己的權益而重組經營團隊。我曾看過很多創業者在一開始時爲了保障自己日後的經營權，而在投資條件（terms sheet）裡加了很多保護條款，創投家們當然也不會是省油的燈，看到這樣的條款，在作投資評估時，通常都先扣他十分再說。創投與創業者之間建立雙方的互信基礎是唯一可行的方法，企業的競爭環境是不斷在變化的，沒有人能夠準確地預測一年以後的事，更遑論三、五年以後的事了；假如創業以及創投雙方都想要以合約來保障自己的投資風險的話，這種合夥關係通常在第一天便已埋下日後破裂的嫌隙。關於創投與創業者之間的各種關係變化，讀者也將可以在本書看到很多有趣的例子。

創業成功需要有許多主客觀的條件，但是單一最重要的因素是人，尤其是主事者（通常是創辦者）。而通常一個投資關係需要維持三到五年，在這麼長的合夥關係中，自然地，對投資者來說這個創業者的人格特質是最重要的考慮因素，說來或許大家很難相信，但我與其他創投同業曾經就這個題目交換過意見，大家幾乎一致認爲創業者的「品德」對投資者來講是最重要也最關鍵的特質。至於「品德」以外，具有什麼樣條件或特質的人才是創投眼中最有投資價值的創業者，這個從來就是莫衷一是眾說紛紜的，我們這兩本書也嘗試從幾個不同的面向來剖析。

感謝我生命中的貴人

與我相交二十年有餘的好友李志華：我與好友李志華相交二十年有餘，他對我一直就是亦師亦友，他過人的能力眾所週知，只是到底有多厲害也是衆說紛紜。就像金庸小說「神鵰俠侶」中的獨孤求敗，三十歲以前用紫薇軟劍，打遍江湖無敵手；四十歲以前改用「重劍無鋒，大巧不工」，持之而能橫行於天下；到了四十歲以後，已經練就「不滯於物，草木竹石均可爲劍」，自此而進入無劍勝有劍之境界。金庸小說中的另一個人物楊過只受獨孤求敗身邊的神鵰教導，便已是「神鵰俠侶」中的絕頂高手；而令狐沖只靠著獨孤求敗所創的「獨孤九劍」，便可以輕易地在「笑傲江湖」中稱霸於當時的武林。這二十年來我就像楊過與令狐沖，志華一向不吝於教我，只是我只能學到個一招半式的地步，卻也到處管用就是。

至於李志華如何能夠練到「不滯於物，草木竹石均可爲劍」的境界，我也不知道，只是他這個功夫很讓我「欽之、羨之、心嚮往之」就是。

讀到這裡，好事的讀者可能會問：「獨孤求敗後來被稱爲獨孤劍魔，而爲什麼被稱爲劍魔而不是劍神？是因爲他一生中只追求武功的成就，沒有做任何利澤於天下蒼生的事業，所以雖然武功蓋世卻只能稱劍魔。是不是志華也屬此類劍魔？」讀者要是有這樣的疑問，那是因爲你沒有機會近距離與我這個好友相處；就我對他的了解，他一向是「一簞食一瓢飲」、「成大事以小心，一生謹愼」，就這一點而言他和獨孤劍魔是完全不同的。讀者若是想在他和我之間用「獨孤劍魔」的隱喻來「見縫插針」，我看就省省啦！

明基集團的大家長李焜耀：我在這裡特別要對人稱「KY」的明基集團大家長李焜耀表

達謝意，或許有點流於「拍老闆馬屁」之嫌，但是怕人家認爲我在拍老闆馬屁就不敢感謝當感謝之人，那也是太過假仙而流於矯情了。

要利用這個機會感謝KY的地方有兩點：

一、我過去讀過數量有如「堆冊齊眉」之管理及領導的相關書籍裡，談到有關於「好的領導人」是什麼樣子，具有什麼特質，各種說法是包羅萬象百家爭鳴；這幾年來，KY提供給我一個活生生的最佳驗證。認識他十餘年、加入明基也已經進入第七個年頭了，我常有機會和他討論公司的經營策略規劃，也有機會看他如何處理人事調配的問題以及公司版圖佈局的運作；這些經驗讓我對照過去讀過的書籍，對我個人功力的增進有相乘的效果。我在與達利的 portfolio companies 的經營者談經營策略或公司治理的時候，也常常碰到我無解的狀況，這時我總是在心中暗想：「要是KY碰到這個情形，他會怎麼處理？」用這種方法找到的答案也總是能夠讓對方口服心服。

二、也是因爲他的經營及領導特質裡具有「笑看產業縱橫如棋，調兵遣將心田似海」，他才能包容我時不時就擦槍走火的「離經叛道」之作；KY甚至好像從容忍轉而把我的這個「在很多公司會不見容於當道」的缺點當成是一個可以爲公司所用的特點，讓我往後更能放手去做（當然指的是對公司有利的事）。

我在友達的老闆陳炫彬（HB）、以及同僚鄭煒順（Max）、盧博彥、熊輝（Kuma）：

HB在我苦於找不到達利的下一個施力方向時，在友達提供一個「往上游紮根」的職務給我，甚至讓我全權管理創利的投資資金；Max是我見過最不像財務主管的財務主管，對於整個光電display產業的未來發展及世界競爭局勢他不但有獨到的看法，對於友達未來的策略發展方向，他也是如數家珍；Kuma由於國際業務繁忙，能留在臺灣的時間已經不多了，然而每一次劍度的董事會股東會，他都全程參與，並在會議進行中幫我說服股東同意我對劍度經營方向的提案；博彥身繫友達所有的技術開發及工廠operation，爲了支援我技術能力上的不足，他信守當初對我的承諾，必定出席每週一次的技術檢討會議，劍度的生產良率以及四、五代廠的建廠進度，因爲他而日起有功。

當初，劍度的TARF案子擺上友達桌面討論時，說眞的，實在很難看出這是不是一個可行的案子；由於時間緊迫，我們所能做的due diligence非常有限，我不得不佩服我這幾個友達的同事，在這件投資案上的果決與獨到的眼光，這絕對不是一般人所具有的「膽識」；另外，在我剛接康利時，我要求他們各派一個他們的部屬給我；起先，我並沒有期望他們會指派「好的有潛力的」員工給我；相反的，我倒是主觀認定他們一定會指派在他們部門裡比較「閒」的人給我；只是沒想到Max, Kuma及博彥分別都給我一個他部門裡最有潛力的人才，就這一點，不只讓我個人感動不已，還說服我相信友達的組織文化裡那種「幾乎完全沒有本位主義」，以及「我爲人人，人人爲我」的團隊精神。

含辛茹苦扶養我長大的母親：我那凡事容易驚慌緊張的母親，從我小時候對我的所作所爲總是過分的嚴加管教。她的很多觀念以今天的社會發展及價值觀看起來，都是跟不上潮流的，還好我有獨立思考的能力，對於她強加在我身上的觀念，也能夠愼思明辨。唯獨有一樣，我是深深地受我母親的影響，她一生不願佔人家的便宜，托人家的人情時是久久過意不去，對於與他人有利益糾葛的事（當然都是小事），她也一向先自己退讓三步；對於我的行爲，她總是告誡在三，「不是我們的千萬不能要」。

做爲一個專業的創投，琴棋書畫說學逗唱各式各樣的能力你都需要具備一二，各項的能力指標也都很重要；但若是要我在這些能力指標當中選擇一樣最重要的，我會選擇「對金錢的態度」；創投的日常工作常常有機會與大筆的金錢扯在一起，處理得不好，在替公司操作投資業務的過程中，個人的利益也容易牽扯其中；一旦把自己的利益也牽扯到公司的投資業務裡，必定遲早會被淘汰出局的。我何其幸運能具有這個做爲創投從業人員最寶貴也最重要的人格特質，說眞的，都是因爲我的母親從小就強加灌輸給我忘也忘不了洗也洗不掉的那個「對金錢的態度」。

1
資金篇
繞不出錢的迷思

對創投而言，「錢」的意義是什麼，是資源？是信任？

是參與、干涉的權利？是貪婪的媒介？

是代表投資者對所投資公司的支持？

還是代表自己的企圖心和期望？

【迷思點】

創業之初找錢難，因爲投資者不認識你，不知道你行不行，怎敢把錢給你？從過去的經驗來看，照理說，事業經營有些進展的公司找錢就容易多了吧？

事實相反，事業經營即使已經有些進展，可是要找錢卻反而是難上加難！原因就在已有實際的研發進展以及經營成績可供評估，所有的數字太過清楚，反而更難找錢了……

創投是一群整天圍著金錢打交道的人，他們又是怎麼看待登門募款的創業者呢？對VC（venture capital，創投）而言，「錢」的意義是什麼，是資源？是信任？是參與、干涉的權利？是貪婪的媒介？是代表投資者對所投資公司的支持？還是代表自己的企圖心和期望？經過一段時間以後這些關係會不會產生質變？對創業者下一輪增資找錢又有些什麼影響？

【故事主角】

補錢公司馬尼總經理：到臺灣尋找第二輪資金的創業者。

創業就需要「錢」，所以「找錢」是創業者的長期工作，一輪接著一輪，然而要人家把錢給你本來就是難事一件，加上現在整個投資環境的局勢不佳，創業的人要找錢比以前困難多了！

「錢」讓創業者和投資者不得不共同相處在一起；不但在一起，還要在一起相處好幾年呢！你我都知道，人與人之間一旦牽涉到錢，關係就變得很微妙，也很複雜……

創投的工作說穿了就是一句話：把「錢」投資出去！表面看來把錢投資出去還不簡單？只要點頭就行了。

但問題是要能夠確保投資的案子以後會把所投出去的「錢」加倍賺回來，就難了！所以多年來創投對上門找錢的創業者都是又愛又怕受傷害，一則以喜，一則以憂；喜的是生意與財神爺上門來了，憂的是不知道來者是存心訛錢的呢，還是眞有本事、會賺錢的金雞母？

今天上門的「補錢」公司是透過傑夫的多年好友介紹來的，這位好友事先送來補錢公司的營業計劃書，並且請傑夫即使不想投資，也盡量提供經營團隊一些建議。

傑夫看來，補錢這家公司已經經營一年多的時間了，有些進展，但還是處在燒錢的狀態，但公司卻需要擴充人員以及擴大業務範圍，所以需要更多的資金才能進行下一步的擴充。居中介紹的朋友也講明了，補錢公司的總經理馬尼找傑夫談的就是錢！所以請傑夫告訴他要怎麼找錢！談「錢」嘛，當然是他的本行！

不過只要牽涉到錢，雙方見面總會有許多心理遊戲、互相猜疑與忐忑不安……

迷思解讀一：錢並不是相同的

「既然你這個案例是我的朋友介紹的，我就不兜圈子了，直接問比較快。我想知道的第一個問題是，你對於這次找錢有無整體的規劃？其次是，你這次增資需要多少錢呢？」傑夫和馬尼見面後，開門見山，直接進入核心問題。

「大概需要六百萬美金。」馬尼先回答後面的問題，眼神有些閃爍，似乎在迴避第一個問題。

「哇，金額不小耶！那你需要找『哪種錢』呢？」傑夫繼續問。

「什麼意思？錢不就是錢嗎？哪有什麼不同！你說什麼『哪種錢』？」

傑夫解釋：「表面看起來錢都相同，其實背後所代表的意義截然不同。有些投資者的錢是有價值的錢（value money），有些則是不帶有附加價值的「純錢」（pure money），你不先弄清楚這些錢的涵義，怎麼知道該找哪種錢呢？」

馬尼滿臉狐疑，一臉「有聽沒有懂」的樣子。

「這樣說吧，你想找哪種投資者來投資？希望他們除了給錢投資外，還能給你什麼樣的幫忙？」

馬尼的眼神有些閃爍，看在傑夫眼裡，神經不禁有些緊繃，馬尼是沒聽懂呢？還是聽懂了不知道怎麼回答？抑或是不想回答？傑夫小心地看看馬尼，重問第一個問題：「你還沒有告訴我，你預備怎麼找錢呢？」

馬尼聞言，低頭看了看自己的筆記型電腦，然後又抬起頭向傑夫笑笑，說道：「傑夫，怎麼找錢待會再跟你解釋吧，你要不要先聽聽我的創業構想呢！」

雖然傑夫滿心不願意浪費時間在這無意義的 Powerpoint presentation 上，但既然對方這樣說了，也只好禮貌地點點頭。

於是馬尼開始介紹自己的公司，一張張彩色且炫目的投影片在傑夫面前呈現，從當初設立公司的構想，一直講到營業計劃；再從市場大小說到業務上的作法；雖然公司還在燒錢，不過已經有幾家客戶有些生意上的進展了；談到產品，馬尼比手畫腳、口沫橫飛，所有的動作及話語都在暗示他的經營模式與生意前景是經得起考驗而且前途無限光明的。

傑夫耐心地聽著馬尼的簡報，看看牆上的時鐘，約定一個小時的會議時間已經過了四十分鐘了，依然還在營業計劃書裡面打轉，終於忍不住再問一次同樣的問題：「馬尼，你這次不是要來找資金嗎？在你介紹那麼多生意模式後，看來第一輪募來的錢也燒得差不多了吧？你需要哪種幫忙，想要找哪一種的投資者？計劃如何進行？」傑夫不厭其煩地一連拋出剛剛已經問過的三個老問題。

馬尼楞了楞，尷尬地笑了笑：「我總是希望你對我公司的前景有一定的了解與認同之後，我們再來談增資計劃的部分嘛！」

看來馬尼想先畫大餅？傑夫在心裡暗自琢磨著，不過還是禮貌性地笑一笑：「理當如此。不過今天時間有限，我怕耽誤你的時間，還是先了解你的構想，以免再來一趟就不好意思了。你今天來的目的是想跟我們募款？還是希望我們代表你來募款？或者你有一些募款的想法，希望我們提供一些意見？」一看距離下一個會議所剩時間不多了，傑夫決定還是先把問題問清楚。

「唔……」沒想到馬尼又楞了楞，沒有回答。

既然問過兩次，傑夫就不再說話了，定定地注視著馬尼，靜靜等待著。根據《達利教戰守則》，對訪客的會議手法設定了很清楚的參考原則：

當創投的人一般都習慣採取主動、以問問題的方式引導會議的進行，這樣比較節省時間；若是不採取主動，任由找上門募資的創業者以包裝得美美的簡報資料牽著你的鼻子走，不但浪費時間不說，很有可能你就掉進了對方爲你挖好的美麗陷阱。

如果對方連選擇題都無法作答，有三種情況，若不是他心中另有其他想法，就是有難言之隱，抑或是不習慣面對與創投打交道的壓力。

針對前兩項狀況，當創投的人可以保持沉默，讓時間與氣氛的壓力逼對方講出他想要講的話；而對第三類的人，可以考慮再問一些簡單的是非題以幫助創業者減輕壓力，藉此打破僵局。

傑夫看馬尼就是一副忠厚老實狀，不忍心再逼他，乾脆幫他解圍：「馬尼，這樣好了，『我問你答』的方式或許比較容易些……首先，你來這之前已經找好募款的對象了嗎？」

馬尼瞪大眼睛動也不動地瞅著傑夫，過了一會兒，搖搖頭。

「你有沒有找誰幫你找錢？是你自己找錢呢？還是有找中間人替你找募資對象？」傑夫再問。

馬尼有些心虛地回答：「對於這個，我是蠻 open（開放）的。」

「哦？open 的意思就是都還沒決定囉！對了，你來之前，我的祕書是否已經先知會你，你所做的這類事業並不在我們的投資範圍裡面？」傑夫邊說邊問。

馬尼失望地點點頭，看著傑夫問道：「我是聽說過了，不過好奇的是，爲什麼你們還沒見面就決定不投資我們這類公司呢？難道沒有賺錢機會嗎？」

傑夫回答：「不是的，只是我們這兩年的興趣都放在臺灣的公司或是把公司搬回臺灣的案例，現在分身乏術，所以就只能把優先次序降低一些了。既然你這次來拜訪我們不是爲了向我們募資，那就只剩下要我們幫你找錢，或是希望我們給你一些意見了吧？」傑夫以「導引式」的方式繼續發問。

馬尼想了想，無奈地回應說：「你能不能先給我一些意見？」

「好啊！你問吧，想知道什麼？」傑夫爽快地答應。事實上只要是朋友介紹的人，即使是第一次見面，不管是傑夫或是畢修幾乎都會親自跟對方談談，斟酌到底能夠爲這些朋友介紹來的公司做些什麼，或提供些什麼有價值的服務。在創投界，「**避免得罪不該得罪的朋友**」是一項很重要的原則，既然馬尼透過朋友介紹而來，傑夫當然願意給些幫助，不看僧面也得看佛面吧；何況對方明知達利不會投資還是前來拜訪，看在這個誠意上，也應該給提供一些協助才是。不過傑夫還是有點擔心馬尼的拖拖拉拉，所以先提醒對方會議的時間有限：「我看換你以發問的方式比較符合你的需要……我們還有十五分鐘。」

「一般說來，創投是怎麼看一個投資案的？會用什麼方式來看待？」馬尼提的倒是個好問題，果然有些與創投打交道的經驗。

創投態度三原則

「其他創投業我不敢亂說，針對達利自己來說吧，我們一般將遇到的案例分成三類：

第一，有些案子一看就是前景樂觀，符合我們內部很多的ＫＳＦ（關鍵成功因素，key success factors）條件；這時候達利會盡力爭取成爲「主導投資者」（lead investor role）。

第二，有些案例現在雖然還未達到達利的投資標準，但是前途看起來還不錯的話，達利還是可以考慮成爲 semi-cofounders 的角色；雖然是半途加入，可是還是會盡力與創業者一起爲公司的成敗努力，這就是「半路加入的共同創業者」(semi-cofounder role)。

第三，如果案源的現在狀況與未來預期似乎都難以符合達利要求的話，只要願意提供達利一些報酬（技術股）的話，達利倒也願意提供一些協助（service role）。貴公司就屬這一類。」

馬尼皺皺眉頭問：「就你看來，爲什麼我這個公司會屬於第三類的呢？我已經有客戶，也有業績，雖然還沒有賺錢，但是你已經可以看到有客戶和業績，爲什麼你還會認爲我這樣的營業計劃不合你們的要求呢？其他創投會不會也這樣看我們？」頓了頓，又問了一句：「如果你是我的話，你會怎麼找錢？」

這兩個問題倒是直截了當得很，可是卻不容易回答，說對說錯都不行，所以傑夫想了想，謹慎地說：「能不能找到錢，其實要看你從哪裡找錢，以及你如何找錢……嗯，換句話說吧，你知不知道你的公司需要什麼樣的幫忙？我建議你從這角度來思考以後再看你怎麼去找錢就比較清楚了！」

「錢不就是投資嘛，與我需要的幫忙有什麼關係？再說『錢』與『幫忙』有什麼直接關係呢？**給我錢不就是給我幫忙了嗎**？創投業怎麼有這麼多的規矩啊？」

看著馬尼困惑的表情，傑夫笑了笑，這就是創業者與VC在找錢這件事上最大的認知迷思所在了！想當然耳馬尼會聽不懂，於是傑夫開始解釋：「就達利來看，『錢』有兩方面的意義：第一，錢只是你需要的其中一種幫忙，並不是全部，或許你還需要其他的技術幫忙、市場開發的幫忙；這些都可能是你需要的幫忙類別吧？第二，『錢』並不是一個單純的意義，錢背後有很多的涵義；對我們而言，錢代表著資源、承諾，更代表你需要的協助。第三，錢甚至還可能代表投資者的間接關心與直接干涉呢……你已經拿過了投資者第一輪的錢，對這三個涵義多多少少有所體會吧？所以你找人投資，找人給你錢，就等於找人來幫助你，找人來關心你，甚至還可以說你是在找人干涉你呢！」

迷思解讀二：找錢其實就是找來干涉

馬尼點了點頭，苦笑著說：「是呀，『幫助』有之，『善意關心』有之，不過『主動干涉』也不少就是！」看來頗有感觸似的。

傑夫擺出體諒的表情，繼續解釋：「對創業者來說，找錢就是單純地希望投資者給你錢，然後最好是站在旁邊不要干涉太多，即使要提供幫忙也要等你感覺有必要、等你開口以後再給；你們最討厭的就是太過主動、干涉太多的投資者了吧？」

馬尼點點頭。

「天底下哪有這麼好的事情？投資者給你錢以後就不聞不問地在一旁袖手旁觀？如果你碰到這種投資者那是你的福氣，千萬不要以爲創投業都是這樣的！VC是將本求利，你做得好他當然不會干涉；你做不好的時候，VC怎麼可能不干預呢？老實說吧，不只干預，甚至於換掉經營團隊也是常見的事情！」

一聽到這裡馬尼的臉揪成一團，非常難看。

傑夫諒解地笑笑，「我是就事論事，因為達利不投資你這個案例，所以我才坦白地告訴你，這在創投界就叫做『**找錢的認知失調**』心態，也可以稱為『**對錢的迷思**』。」不等馬尼開口問，傑夫就接著解釋說：「就是因為創業者對錢的看法與我們不同，所以這種認知差異就會引起許多爭議，尤其是公司在度小月、面臨經營挑戰的時候這種爭議更大！」

馬尼搖搖頭，沒有說什麼。

傑夫繼續解釋：「我再告訴你投資者的想法，你就可以知道為什麼VC會這樣想了。對投資者而言，給你們錢之後，就像是轉開水龍頭洗頭一樣，頭一旦沾濕了就難以中斷，所以投資者必須盡力幫助你起來，不然他投資的錢不是泡湯了嘛！可是從另一方面來看，有些投資者投資以後就會主動參與，要求參與公司決策，甚至於想要干涉公司的運作，三不五時來看看啦，甚至還會要求參與公司一般性質的經營會議等等。所以在我看來，這個『錢』字並不單純！」

傑夫刻意等了半分鐘，確定馬尼聽進去了以後才再度開口：「這就是我為什麼建議你以『貴公司需要的幫助』為出發點來找錢的緣故了。」

馬尼沉吟了一會，恍然大悟地說：「照你這樣說，我找錢就等於找到不請自來的干涉囉？」

「你說的沒錯！其實也不必說得這麼難聽啦，在我看來，不管是干涉、幫忙、關心……這不都是同樣的事嗎？不過是主動、被動以及你喜不喜歡罷了！就像你對你家人提出一些食衣住行上的建議，你認爲是關心，但他們很可能認爲你是在干涉，對吧？」

馬尼一聽笑了起來，凝重的氣氛緩和許多。傑夫看看手錶，下個會議的時間快到了。

「我看你忙，不要佔用你太多時間，我再問你幾個簡單問題就好。照你這樣說，現在我們公司所做的產品服務內容都是與國際貿易的收付款以及銀行帳務處理相關，所以我就需要去找我的客戶以及銀行來投資囉？」

「是的。」傑夫點頭，接著說：「你希望他們引進你的生意或介紹客戶給你，對不對？」

「對！」

「那不就很明顯了嘛，你是應該找他們投資呀！」傑夫猜測地問道：「看來你已經跟他們接觸過了？」

「我自己是**沒有親自接觸過**……不過我找了一家投資公司，對方說跟這些財務機構很熟，所以會幫我安排募款相關的事。」

「哦？」傑夫有些驚訝，睜大了眼，感興趣地問：「你已經找到一家投資公司，是不是代表你已經找到『主導投資者』？」

「不是，」馬尼搖搖頭，「對方純粹只是幫忙，對方說可以介紹我認識其他的可能投資者；

做成之後，他們再考慮投資或做一些其他的『配合』。」

「配合？」傑夫是明眼人，一聽就知道其中暗藏玄機了，尤其是這「配合」二字，傑夫更是深得箇中三味。「這家公司是個專做投資仲介的掮客（broker），對不對？」傑夫似笑非笑地問。

「嗄？」馬尼也很驚訝，揪著臉困惑地說：「我看不是吧……對方也是個VC吧！……就是利倍財務顧問公司嘛！」

迷思解讀三：找錢是攸關生命，怎可假手他人？

傑夫一聽是利倍，笑意明顯堆上臉了，「喔，雖然說利倍的股東裡面有一些大企業和金融機構，但它只是掮客，不是眞正的VC；幫你介紹成了之後，利倍要收取一些佣金吧！」說著說著，傑夫收起笑容，問道：「你爲什麼會找利倍幫忙呢？是因爲你認識他們？還是因爲他們可以幫你做到你自己辦不到的事情？」

傑夫之所以這樣問，是想驗證兩件事情：一、馬尼知不知道自己需要幫忙，需要什麼幫忙？二，藉此了解利倍能幫助多少，以及利倍的能力與實力所在。

只見馬尼想了一想，點點頭說：「是朋友介紹的。我與他們談過一兩次，感覺他們還蠻認眞的，要求的條件也沒有什麼約束，所以就這樣做了。」

傑夫笑笑，看來實情恐怕不只如此吧，因而繼續丟出另一個問題：「對了，你簡報的時候提到現在已經有幾家金融的客戶，既然他們對你產品了解比較多，你有沒有直接與他們談投資呢？」

馬尼楞了幾秒後，逼出一點笑容，附和傑夫的提議，「對，對，照理說應該去找他們投資，問問他們的意見才是。」

「**我問你『有沒有』，你卻回答『應該去**』，看來這裡有些顧左右而言他了！」傑夫在心中暗暗消遣馬尼。看著馬尼，傑夫有些納悶地思索了幾秒鐘：以一般的投資者來看，既然馬尼的公司已經有了業績，如果馬尼的業務對現有的客戶是重要的話，照理說，如果馬尼去找這些客戶投資，這些客戶應該是會感興趣的才對；況且現在很多金融機構都有自己的投資部門，他們的預算又多。可是爲什麼這些客戶對投資馬尼的公司並沒有很積極呢？還是馬尼根本沒有接觸過這些公司？

除此以外還有問題；既然自己有客戶可以談投資的事情，爲什麼還要找個投資掮客在中間穿針引線呢？

想到這，傑夫暗自下了個結論：看來馬尼的業務在這些貿易商以及金融機構的客戶眼中根本就是「可有可無」的服務囉！嗯，這值得再花些時間驗證；傑夫馬上拿起手機打電話告訴祕書愛麗絲說下一個會議延後十五分鐘出發。當創投的就是這樣，對自己有興趣的內容就可以硬擠出一些時間，若是不感興趣的題目嘛，時間一到馬上走人！

放下電話，傑夫轉頭再問馬尼：「到底你有沒有找他們談過投資的事？」

「嗯……」馬尼點點頭，「……有，有談過。」

迷思解讀四：第一次募款難？第二次更難！

「你見到的是什麼樣層級的人？」傑夫追問。這就是創投的經驗所在了，傑夫不問談的結果如何，問的卻是馬尼見到的是什麼人。一般來說，在大公司裡面，如果你見的是小嘍囉的話，即使對方說的是好話也沒有什麼用，因爲這與眞正的投資還差得遠呢！如果你能見到高階主管的話，才表示這個案件在對方眼裡具有重要性，對方才會安排高階主管與你見面。也就是說由馬尼所見的人之層級高低可以看出幾分端倪。

看來再也沒辦法隱瞞了，馬尼只好實話直說了：「我到現在見到的都還是他們的業務單位，雖然我幾次要求見他們的投資部門或高級主管，但一直未能如願。」

果然如此！傑夫證實了自己的想法，也明白大概的狀況了，因而若有似無地嘆了口氣，順勢倚向椅背，輕聲說：「看來你提供給他們的服務，對他們來說重要性不高囉？」

馬尼一聽，灰了臉，表情複雜，顯然被傑夫一語道中要害了！

傑夫有些後悔不該直截了當說出這話，尤其是對馬尼這樣的老實人，這會不會讓他難以面對這樣的實情呢？

馬尼想了一想，問道：「那也未必吧！或許他們只是還沒有看到我們技術的價值吧！」

傑夫想了想，帶著鼓勵的語氣回答：「有可能呀！」

馬尼受到鼓勵，有些高興地說：「我可以把投資者和客戶分開，兩個不一定要結合在一塊呀！」

傑夫再想一想，覺得何必老是澆對方冷水呢！所以更爲鼓勵地說：「這也是一條路……馬尼，我們換個話題吧！對了，你現在的投資者對你增資的看法如何？我看你的原始股東裡面不乏在臺灣名氣響鐺鐺的公司行號，爲什麼不找他們投資呢？」傑夫頓了頓，又補了一句：「你找過他們吧？」

馬尼點點頭，小聲地應了聲「有」。

「然後呢？他們的反應怎麼樣？」

馬尼欲言又止，吞吞又吐吐，最後卻什麼都沒說出口。

看來也不太樂觀了……傑夫心想；不過傑夫只是靜靜地看著馬尼，等待答覆。照理說傑夫只要把話題岔開就可以幫馬尼解圍，在創投這也是常用的一種禮貌處理——當投資者問出問題之後，如果對方態度遲疑、不想回答，或不曉得怎麼回答的時候，可以把話題岔開以幫對方解圍——可是今天碰到的是關鍵問題，不能逃避，所以傑夫只好「禿鷹到底」，一直看著馬尼，靜靜地製造低氣壓的氣氛，逼迫馬尼答覆。

過了許久，馬尼苦皺著一張臉，深吸口氣後緩緩地回答：「我跟每一個現有股東都定期溝通過公司的狀況，他們投資我們也已經有一年半以上的時間了，對公司的發展過程都非常清楚，」馬尼頓了頓，「公司一開始的時候所做的產品與現在的經營項目並不同，我們大概在一年前開始轉型，當時股東對我們的轉型也相當支持，給我們很多鼓勵。」

傑夫不置可否，因爲馬尼並沒有眞正回答傑夫所問的問題，這種招數對傑夫是沒什麼用的，所以傑夫追問：「他們對你這次增資參與的意願怎麼樣？」

馬尼知道逃不過這個話題，語氣平淡地說：「他們當然是樂觀其成。」

看來剛剛假設馬尼是個老實人並不太正確，不然不會這麼擅長於「答非所問」。

既然如此，傑夫就直接問了：「我只想知道兩件事情：一、他們願不願意繼續出錢？二、他們對於股價的要求怎麼樣？」

這下馬尼小心翼翼地看了傑夫兩眼，謹慎地回答說：「這次增資，原來的股東建議我向外找投資者，因爲他們認爲公司未來的走向需要其他人的幫忙，而現有的股東對於公司未來的走向能夠提供的幫忙有限，所以他們**鼓勵我對外募資**。」

回答得非常漂亮，非常得體，但是傑夫怎麼可能會聽不出話中的玄機呢！馬尼的意思就是說現在的股東沒興趣投資，但是這些股東又知道如果不繼續投資馬尼的公司就危在旦夕了，因而對這些原始股東來講，最好的方式就是自己不再繼續給錢，而由新投資者來繼續投資，以維持馬尼公司的一線生機，所以才要馬尼向外找錢。

「他們對股價有沒有什麼樣的要求，或有什麼樣的期望？」既然這樣，傑夫的問題就更追根究底了。

馬尼點點頭說：「他們『只』希望不要吃虧吧！」

傑夫聽了笑了笑，「『只』希望如此？那就表示這次增資的價錢要比上一輪高囉？哇！你上一輪多少錢一股？」

馬尼有點困惑地回答：「一股美金一塊錢吧！」

「現在增資，你認爲還有每股一塊錢的機會嗎？」傑夫語氣和緩，可是這個以帶著點挑戰味道的疑問句收尾的問題卻顯得有些咄咄逼人。

馬尼皺皺眉頭，盯著傑夫，心裡不禁嘀咕：「傑夫怎麼問這麼尷尬的問題？這個問題眞難回答。如果我回答說『有機會的話』，傑夫必然會接著再問：『那你向誰找到錢了？有誰願意出錢？』；如果我回答沒有機會，那豈不是自動殺價了嗎？」

馬尼面露難色地瞧著傑夫，最後想出一個法子，把問題丟回給傑夫……「那依達利來看，我們這次增資的股價應該怎麼定呢？」說罷很爲自己突如其來的急智反應高興，忍不住露出一點狡黠的笑容。

傑夫微微一笑，倒也不怕這樣的問題，咳嗽一聲後回答：「聽你剛剛說過，你找過業務上的客戶投資，但是他們不很感興趣；而原來的股東投資意願看來也不是很高，所以要你向外找新的投資者，答案不就淸楚地擺在那裡嘛！」輕描淡寫把問題又丟回去了！

傑夫的話才出口，會議室的溫度瞬間降了好幾度。

迷思解讀五：就因爲找錢困難，所以要御駕親征，不可假手他人

過了半晌，傑夫手機鈴鈴作響，看來是祕書愛麗絲來催下一個會議了。傑夫站了起來，對馬尼說：「我該走了。最後一個問題，既然你已經找利倍幫你做增資的動作，他們的看法又是如何？我們電話再談吧？不過假如你沒事的話可以跟我一起走，我們可以在車上邊走邊聊，如何？」

馬尼一聽立即收拾東西，搭上傑夫的車一起由內湖出發往傑夫下一個會議的地方去。在車上，馬尼想了一想，打起精神對傑夫說：「你剛剛說到利倍，我們是見過幾次面，他們也看過我的簡報資料，昨天我打電話給他們，他們說已經開始跟幾家公司接觸，這兩天應該就會有進展才是。」

傑夫回過頭，瞇起眼看著馬尼，有些好奇地問：「對了，你還沒說你爲什麼不自己找錢，而要找利倍代勞呢？」

邊開車，傑夫邊解釋他問這個問題是有道理的。在創投界，大家都知道經營公司最困難的一件事就是找錢、不斷地找錢……一直要到公司上市以後或許才能緩一口氣；有些公司即使上市了，如果需要資本投資或是擴充的話，還是需要不斷地找錢。換句話說，只要經營事業，不論公司大小，都需要不斷地找錢，這幾乎已經成了經營企業的人生活中的一部份了。

事實上，傑夫只解釋了「企業不斷找錢」的一半，另外一半「由誰找錢有不同涵義」則略去未說。經驗告訴傑夫，一般有三種找錢方式：第一，透過財務仲介公司或投資掮客來找錢，尤其是經營者自己不善於找錢，或是不願意面對找錢的壓力時往往會這樣做。其次，就是透過 lead investor 找錢，最後的選擇當然就是自己出面找錢。而這些不同的找錢方式所透露出來的涵義也大不相同！關於這些，就不必對馬尼解釋這麼清楚了。

傑夫的注視讓馬尼有些不自在，他不解地反問：「我已經找利倍了，還需要自己出面嗎？」

傑夫想了想，決定開門見山說話，省得馬尼搞不清楚，浪費雙方更多的時間才划不來，因而耐心地解釋：「先不說這個。馬尼，你手上還有多少現金？以目前的營運狀況繼續經營下去還可以撐多久？」

馬尼有些沮喪，下意識嘆了口氣：「大概到年底之前，我們的現金就燒完了……」

傑夫的態度更嚴肅了：「距年底只剩幾個月的時間了，你現在還不自己找錢的話，萬一利倍把這幾個月拖延了，你怎麼辦？這幾個月可是你**找錢的『黃金歲月』**耶！」傑夫說到黃金歲月還特別加重語氣，其實他的意思是指「生死攸關」的「關鍵歲月」！

「馬尼，現在你手上還有一些現金，如果沒有好好把握這幾個月的時間，等現金完全燒完以後，你豈不是更慘了嗎？」

馬尼聞言，臉色霎時更沉重了，肩膀隱隱約約地垮了下來。

馬尼既然是朋友介紹來的，傑夫就不厭其煩地繼續說明：「如果你不自己找錢的話，怎麼知道這些投資者對你的案子興趣是高是低呢？會不會當中其實有興趣很高的，但你找來的投資掮客故意從中作梗，讓事情拖延，等你錢將要燒光、公司危在旦夕的時候再出面殺價呢？也許有些人的興趣雖然不高，可是還是有機會被說服的呢？如果你不自己出面，怎麼可能聽到第一手的消息而迅速做出反應呢？如果你處理得好的話，說不定這些負面消極的因素很容易就消失，因此而找到更多願意支持你的投資者也說不定呢！」

「你講了半天就是主張我應該自己去找錢，對不？」馬尼想了想後反問傑夫。

傑夫點點頭。

迷思解讀六：找股東不就是爲了改變股東結構嗎？

馬尼坐了半晌，又提出一個問題：「你剛剛說我公司目前的股東不投資是帶有不好的涵義，其實我有不同看法耶！」

「哦？請講。」

「你在《微笑禿鷹》這本書提到增資的目的，其中有一項不是改變股東的結構嗎？如果說我們想改變股東的結構，不就是希望原來的股東不要繼續出錢嗎？你怎麼知道是他們不投資我們，還是我們想要改變股東結構，所以希望他們放棄呢？」馬尼這幾句話說得理直氣壯。

一看這個表情，傑夫忍俊不禁地笑了起來，「馬尼，你只知其一，不知其二啊！」說完，傑夫收斂笑容，解釋道：「既然你是我的好友介紹來的，我就向你解釋清楚，省得你聽了不服氣。沒錯，增資的目的的確可以改變股東的結構，可是這跟原來股東不願投資完全是兩回事。所謂改變股東的結構意思是，公司經營得不錯，放眼未來也具有長期的競爭力，而在增資時『原來的股東也想繼續參與增資』，可是這些原來的舊股東對公司未來的成長無法提供所需要的資源和幫助，所以經營者才要求他們放棄增資，把多出來的增資認股權利讓其他能帶進資源的有價值的投資者進來，這才叫做改變股東結構。」

「嗯。」馬尼看著傑夫。

「你的狀況和這個是不一樣的嘛！你的公司是原來股東沒有投資意願，而不是你不給他們投資。表面看來相同，其實是兩回事，兩者不能混爲一談的啦！」傑夫語氣堅定地說。

馬尼一聽，知道傑夫看穿了他的「硬幺」，有些難爲情，拉不下臉，於是臉紅脖子粗地反駁：「照你這樣說，所有的創業者找了新的股東之後，永遠都必須讓原來的股東繼續參加投資囉？如果有任何原來的股東不願意繼續投資，是不是就代表這公司經營有問題？所以就不容易吸引到新的投資者了呢？別人怎麼知道到底是怎麼一回事呢？」

迷思解讀七：你需要他，他不需要你？

馬尼的抗辯才出口，車內溫度又升高了幾度，燥熱的氣氛彷彿要擦出火花，談話也漸漸像一場辯論會了。傑夫是老經驗了，知道如何掌控局面，他笑了笑，態度和緩，語氣也輕鬆不少，安撫著說：「Take it easy!（輕鬆些），馬尼，談投資不要太情緒化，我們慢慢談，聽我解釋，你會了解的。」

馬尼一聽，猛然發覺自己太情緒化了，尷尬地堆出一臉笑容。

傑夫擺擺手，示意馬尼別介意，才繼續解釋：「原來的股東投資是不是必要性，我想倒也不能說得太武斷。換個說法好了，因爲原來股東對公司的狀況比較了解，如果說他們了解狀況而又不太願意投資的話，有幾種可能性。第一，他們沒錢。第二，他們了解公司狀況，但公司狀況並不理想。第三，就是你說的可能性，因爲公司最新的發展方向跟原來股東的期望不一樣，也就是公司轉向了，但原股東無法繼續提供幫忙。」

馬尼聽得很仔細，點點頭。

「根據這三種可能性，我們來分析你的狀況。第一，股東沒錢。從你現有的投資者來看，實在不能說他們沒錢，因爲他們經營的企業都很成功，尤其是A公司；即使有一、兩個是個人投資者，但也都是響鐺鐺的人物，既使目前股市再不好，他們也不會就缺這一點投資金額的。第二，股東因爲了解狀況而認爲公司狀況不理想。唔，這個問題就比較嚴重了，我們先擱下，等會再來談。第三，你的公司轉向後和原來股東所期待的不合。如你剛剛所言，你的公司在一年前轉向後和原來股東的期望不一樣，他們認爲沒有繼續投資的必要，或者已經失去策略性投資的意義；但從我的角度來看，這只是一種說辭，投資者終究是投資者，投資以後並不是爲了來管理這公司的，而是要幫助被投資公司賺錢，以求獲利了結，這才是投資者的目的所在。」

「你的意思是……」馬尼不甚了解。

「以達利來說好了，我們投資的公司幾十家，牽扯的範圍非常廣泛，難道能每一家都視爲自己的嫡系產業？跟我們嫡系產業不相關的，難道我們就不投資了嗎？每家公司的經營方向都不同，假設我們投資了四十家公司，怎麼可能四十家公司的方向都一樣？既然方向有所不同，如果被投資公司的方向有所更改，**只要還有賺錢的機會，原股東沒有理由不跟進的**；何況被投資公司的價錢又很可能比上一輪增資低一些，現在的增資價錢都比較低了，如果現在的投資者不繼續跟進的話，不是馬上就被稀釋股份了嗎？如果股價差很多的話，甚至會被washed out（稀釋掉股份）。」傑夫說完沉默了片刻，拿起放在車上的瓶裝礦泉水喝了一口，順便也讓馬尼消化他剛剛說的這一串話。

「總結來說，從投資的角度來看，你的公司雖然轉向了，基本上還是在相同行業裡，並沒有跨到完全不同的行業，原股東因爲公司轉向而不投資的可能性是很低的；再說，股東如果認爲你的公司不錯，他應該會繼續投資，看來這點對你的公司並不適用吧？最後來說股東爲保障自己的權利，對於增資他必須繼續跟進，不然他的股權很容易被稀釋……坦白說，如果原來股東連這種顧慮都無所謂了，那只剩下我剛所講的第二種可能性了，那就是股東因爲了解狀況而認爲你的公司前景不看好，所以不投資了。」傑夫再度開口，條理分明的分析將自己的見解向馬尼解釋得很清楚了。

馬尼在聆聽過程臉色變了又變，待傑夫說完，他早已蒼白了臉，低頭沉默著，一直到下車都沒有說什麼。

迷思解讀八：難道在找下臺階嗎？

等馬尼走後，傑夫一連參加幾個會議，忙了大半天，回到辦公室已經接近晚上八點了，他走到畢修的辦公室，想看看畢修還在不在。多年來養成的習慣，傑夫與畢修總會在每天下班前以電話討論或是面對面就當天所遇到的案例交換心得；如果辦公室還有同仁的話，正好一起談談，借力使力地吸收別人的經驗。

傑夫一看，不但畢修還在，連米爾肯與查爾斯兩位青年才俊的AO都剛剛吃過晚餐回到辦公室，乾脆四人聚集來個「**吸星大法時間**」，不過達利的作法與武俠小說中的吸星大法不同。武俠小說中被吸內功的人最後會功力盡失而亡；達利的作法卻是經驗傳授最快速的方法，每個人交換心得，藉著這種方式快速學習，不但自己沒有損失，還藉別人之力來個錦上添花，使個人的功力也能持續增進。

傑夫簡單扼要地解釋了狀況，接下來便是發問時間。

米爾肯第一個發問：「關於馬尼透過掮客找錢的原因，我覺得還有一個。」

「哦？說來聽聽。」傑夫好奇地問。

米爾肯說：「我猜想馬尼總經理不願意自己去找錢的原因是因爲他知道增資非常困難，所以乾脆逃避這種壓力算了，與其自己面對，倒不如透過利倍來做；屆時即使利倍失敗了，自己也有一個下臺階，至少可以『安慰』自己說：『這不是我的公司不好，是所託非人呀！』你們認爲有沒有這種可能呢？」

聽到這個，傑夫不禁皺起眉頭，因爲從創投的角度來看，如果馬尼有這種逃避的心態，那情況就更糟糕了。一個創業者既然創立了自己的公司，就必須有面對所有挑戰的心理準備。而經營一個新公司所面對的挑戰，資金其實算是最簡單的一環，陸續還有業績、技術突破演進、人才的激勵等壓力，日後競爭的壓力甚至更是艱難；如果說創業者對於資金的壓力都沒辦法面對的話，那未來又如何面對市場的挑戰、人員的流失和競爭者等種種壓力呢？

可是米爾肯的猜測聽來也有道理，於是四個人熱絡地討論起來，結論是雖然不應該瞎猜測，可是這種可能性還是存在的。問題是該如何驗證呢？《達利教戰守則》就提到：當創投的不僅要化簡爲繁地提出許多可能性，還要能夠化繁爲簡地進行驗證，才能累積功力！

畢修想了一下，發言說：「驗證固然是應該做的事情，可是這種事太傷人了，還是不要由我們自己主動去驗證。不過，我看馬尼還未死心，我們現在不需要出手去幫他；假如我們現在去幫他，將來他很有可能反過來說我們趁他之危，吃了他一把，划不來的！」

傑夫點點頭，心想：的確如此！何必爲了增進自己的功力而刺傷別人呢？與馬尼終究是第一次見面，又是朋友介紹來的，何必把他人最深層不欲人知的一面挖出來？既然每個人都有一些想掩飾的軟弱之處，何必赤裸裸地介入到毫無保留的程度？再說，馬尼對利倍幫他做的增資動作好像還存有一絲希望。這樣一思考，傑夫也贊成短時間內不要採取任何動作，就靜靜地等馬尼的下一步行動再說吧。

查爾斯看眾人的對話略微沉靜下來，打破沉默發表意見說：「根據傑夫所說，馬尼花這麼多時間準備這些簡報的資料，是不是有些弄錯了方向？」

傑夫很有興趣地問：「那依你之見呢？怎麼做才算方向正確？」

查爾斯回答：「如果我是他的話，我想我會把絕大部分的時間拿來與現在的投資者、客戶和未來可能的投資者溝通，而不會花太多時間整理這些營業計劃（business plan），尤其是關於市場的展望、前景或競爭優勢，這些都是相對的、主觀的資料，是充滿變數的。事實上，我們經常告訴投資者，business plan 只是一個參考，不能完全作爲依據，我看馬尼又何必把重心都放在 business plan 的準備，而把人跟人之間的接觸這件重要的事情遺漏了呢！」

說完，不只大家都很讚賞，連查爾斯自己都充滿了興奮滿意的表情！

畢修等大家給查爾斯一陣誇獎過後，再度發表看法：「在我看來，在找錢這件事上，查爾斯說的沒錯，經營者最重要的是要跟所有的可能投資者隨時保持著最直接的關係，才能掌握情況；可是在我看來，不僅於此，既使在增資成功以後還應該要保持誠實、順暢、持續的溝通與關係才是長久之計！」

「怎麼，你似乎有感而發耶？」傑夫開玩笑地問畢修。

「是呀，你記不記得前次TG創投告訴我們的例子，說是××公司的總經理K，在拿錢之前態度何等謙虛，可是拿到錢以後態度又是完全不同的嘴臉，對出錢的投資者根本不屑一顧，還到處說這些投資者根本就是什麼都不懂還佔了股價上的便宜，後來K不是因此而把TG得罪了嘛；等到第二次增資，TG也的確給了K某很多的排頭吃。」

「你說的沒錯！有些經營者錢到手了以後就對股東不理不睬，他們沒想到下一輪增資需要錢的時候，這些受到冷落的股東如果有意抵制，以負面態度來面對的話，除非公司實在是獲利很好前景也看俏，否則下一輪募資的難度絕對會讓那些經營者吃不完兜著走……」傑夫語氣感慨地附和。

迷思解讀九：找錢迷思破解之道

畢修淸淸喉嚨後又接口：「其實我最大的感慨是，這些創業者在跟我們打交道時都只看到我們的錢，而沒有看到我們除了錢以外的其他價值。說眞的，除了我們自己以外，臺灣的創投界也不乏過去在企業界身經百戰、在經營管理上有一定火候經驗的老師傅；要是哪天我想不開自己創業的話，我一定會利用募資的時候，拿這些有經營管理經驗的創投來當我免費的顧問。

我缺錢的時候找錢，我不缺錢的時候還是要出去找錢，你想，反正公司也不缺錢，所以我去找錢就算吃了閉門羹又何妨！

重點是透過找錢，這些創投會問我很多企業策略、事業規劃、經營管理以及競爭分析上的問題，幫助我把公司的經營決策及方向更淸楚地重新思考一遍，說不定他們還幫我想到我沒想到但在將來卻會是致命的地方；而且與這些創投打交道，在不需要錢的時候比較能夠跟他們建立對等而且健康的關係，等到哪天公司需要錢了，眞正向他們開口募資也才不會顯得突兀，因爲他們平常就對我有一定程度的了解，所以到了眞正要募資的時候，說不定連 due diligence 都不用做了呢！

馬尼就是犯了這個錯誤，平常不與投資者維繫好關係，臨到頭還要找別的不相干的人上陣代打，而且時間這麼緊迫。要增資也必須在資金燒光前六個月就開始進行；在這麼短的時間內要辦增資，這些投資者哪個不是精得像鬼一樣，誰看不出來馬尼已經快走投無路了，這不是變相鼓勵大家『**海豚變鯊魚**』嗎？自己腳受傷流血還要下水摸魚，就怪不得那些藏在水底的食人魚各個爭相來咬他一口囉！

說來實在令人感慨，光這個月我們已經遇到三家這樣的公司了。碰到這樣的境況，他們除了我教他們的兩招外也別無方法可用：一、『反將一軍法』。大家都知道A公司這個知名的公司是馬尼的主要原始股東，這次增資A不跟，別人一定認爲A是不是看到了一些別人沒看到的不好現象，所以就算對馬尼的公司有興趣投資，也一定會持觀望保留的態度，這個時候馬尼只能『反將一軍』告訴所有潛在投資者，是他自己顧慮公司將來可能變成A的禁臠而不願意讓A在這次增資繼續跟進。

第二招『泥地打滾法』。乾脆把所有股東一次找來，大家三頭六面說清楚，只要這次增資大家不再拿錢出來，那馬尼只好把公司關起來囉，剩下來的錢就當資遣費，所有員工分一分，把公司來個『企業安樂死』，這總比多撐兩個月後發不出薪水惡性倒閉來得好吧！記不記得上次我跟你們玩過的——從企研所學來的——『千元大鈔拍賣遊戲』【附註】，人同此心心同此理，那些原始股東很可能因爲怕之前的投資泡湯或自己參與投資的公司倒閉而丟了面子，最後決定再拿錢出來支援馬尼繼續將公司經營下去也說不定。可惜這些創業者也因爲好面子，這種招數他們好像再怎麼樣也使不出來。」

平常就喜歡發表高見的畢修連珠炮似的把他對創業者募資的感想一口氣發表完畢，也不給其他人插嘴的餘地，說罷，他看了其他人一眼，好似沒有人要答腔，於是又以下結論的語調說：「這算是找錢的迷思吧？不敢自己面對找錢的壓力是迷思，找錢前倨後恭也是迷思，精神放在準備簡報資料而不花在與投資者的溝通上……這些都算是找錢的迷思！」

傑夫在一旁只淡淡地接口：「這也未必！其實馬尼還有另一招可用，叫『創造競爭法』。馬尼乾脆由那些財務金融公司的競爭者下手，然後再回頭對自己的客戶說他們的競爭者有投資的興趣，甚至還想要投資佔大股！這樣一來，原本不怎麼感興趣的這些財務金融公司的客戶，反而會爲了不讓其他的競爭者掌控馬尼的公司而競相積極投資也說不定。」

迷思解讀十：找錢的迷思vs.給錢的迷思

大家點點頭，沉靜地思考。一會兒後，米爾肯突然想到一件事情，半舉起手說：「我認爲在『找錢』這件事上，不只經營者，其實連投資者自己也會有很多迷思，這其中可能也包括我們自己！」

「哦？」畢修、傑夫與查爾斯被米爾肯這句「這其中可能也包括我們自己！」拉出了注意力，三人六眼同時挑起眉頭，好奇地瞪著問米爾肯。

看到這個陣仗，米爾肯反而正經八百起來，輕咳了兩聲並壓低聲調說：「我是想到前天我們在談的A公司增資案件，記得所有的投資條件與框架都談得差不多了，可是有一家C創投竟然要求A公司總經理的人選必須經由他們介紹，甚至要求未來的每一個進度以及管理經營會議他們都要有權利參加，你不覺得這個要求有些奇怪嗎？這也是一種迷思吧？」

「怎麼說？這跟錢的迷思有什麼關係？」查爾斯先開口發問。

米爾肯說：「很多投資者都認爲只要投資了，就有權利知道所有大大小小的事情，尤其是臺灣有部分創投更是這樣認爲，舉凡合約的訂定、生意的往來，甚至連總經理的人選都有表達意見的權利。沒錯，股東是有表達意見的權利，但基本上也只能是建議吧，不應該干涉到這種程度！所以我認爲這是一種『投資者的迷思』。你們認爲如何？」

畢修點點頭，以眼神示意米爾肯繼續說。

「我的意思是說，投資者往往以爲給錢之後就代表對這家公司有部分的『所有權』——既然給你錢了，我就擁有你，所以參與細節是必然、也是我的權利——其實這是一種迷思！**『給錢的是大爺』**的迷思！難道給錢投資就代表擁有嗎？被投資公司還有其他的投資者，而且每個投資者所佔的股份總不會超過五〇%，公司是大家的，甚至可說是經營者的，不該被投資者認爲是彼此之間施展影響力的一個舞臺。」米爾肯的口氣有些許的義憤塡膺。

「你說的沒錯！」畢修接口，「如果每個投資者都想在被投資公司施展影響力，我介紹個總經理，你介紹個副總，他介紹個採購，那這公司算什麼呢？的確是有一部份的公司最後經營不下去是因爲接收了太多投資者介紹的關係，引進許多對公司不一定有用的人。所以你想表達的是，投資者認爲『錢』代表『擁有』和『影響力』，這是一個迷思？」

這時候查爾斯突然提出一個建設性的想法：「照米爾肯這樣說的話，我們似乎應該建議經營者：以後找錢的時候，除了價錢以外，還應該把這些投資者對他們已經投資的公司的『**投後管理態度**』列入考慮，如果干涉太多，還眞不應該讓他們投資呢！」

「唔……」傑夫與畢修相對看了一眼，不約而同沉吟著，似有所顧慮。

查爾斯很好奇地問：「怎麼，有什麼不對嗎？」

傑夫皺著眉說：「你們記不記得幾個星期前，聽說臺灣有一家多媒體軟體公司兩位已離職的前後任財務長控告公司負責人，理由是負責人將公司的資金乾坤大挪移移到自己的私人公司因而告上法院。我在想的是，如果投資者不對所投資的公司管得緊一些的話，萬一錢被『A』走了該怎麼辦？管太多你們說是『給錢大爺的迷思』，可是不管的話，等錢被『坑』了以後又該怎麼說呢？」

畢修伸長脖子看了一下米爾肯戴在腕上的手錶，然後拉長語氣對著傑夫說：「那，怎麼辦呢？」

傑夫搖搖頭，「我怎麼知道怎麼辦？看每個個案個別的情況再說吧！時候不早了，回家吧，再討論下去連我們都迷思不完了……」

大家哄堂一笑，鳥獸散也，留下遍地無解的迷思。

【附註】

在某個聚會上，老張從口袋裡掏出一張全新的千元大鈔，向所有來賓宣佈：

他要將這張千元大鈔拍賣給出價最高的朋友，在場有興趣的人可以互相競價，以五十元爲一競標的單位，直到沒有人再加價爲止。出價最高的人只要付給老張他所競標的價碼即可獲得這張千元大鈔；但是出價第二高的人，不只不能獲得這張千元大鈔，還需要將他所競標的價碼如數付給老張；第三名及以後的名次算是出局而兩不相欠。

這個別開生面的「以錢買錢」的競標拍賣會立刻吸引了所有在場來賓的興趣。開始時，「一百」、「一百五」、「二百」的競價聲此起彼落，一直到價碼抬高到「五百元」的時候，步調突然緩和了下來，只剩下三、四個來賓繼續在競價，其他人則在一旁竊竊私語。最後在一片鴉雀無聲中，只剩下年輕氣盛的小林和老謀深算的徐老闆兩個人相持不下。

當小林喊出「九五〇元」時，老張先生望著他們倆人、彈一彈手上的千元大鈔，再以帶點挑釁帶點曖昧的眼神看著徐老闆，徐老闆似乎不假思索地脫口而出：「一〇五〇！」

「哇！」的一聲，這時會場裡起了一陣小小的騷動，大家又交頭接耳起來。

老張轉而得意地挑起兩片眉毛看著小林，等待他繼續加價或者認輸退出，沒想到小林一咬牙，蹦地一聲說：「二〇五〇元！」

在場的來賓這時起了更大的騷動，徐老闆擺一擺手，把頭用力一搖表示退出這個「瘋狂的拍賣會」，大家才鬆了一口氣。

結果，小林付出「二〇五〇元」買到那張「一千元」鈔票，而徐老闆則平白付出了「一〇五〇元」；兩人「平分秋色，不相上下，誰也沒贏誰」，各損失的「一〇五〇元」就充當那天聚會的水酒錢。

這個遊戲是耶魯大學經濟學家蘇必克（M.Shubik）發明的，拍賣錢的人幾乎屢試不爽地從這拍賣會裡「賺到錢」。它是一個具體而微的「人生陷阱」，參與競價的小林和徐老闆在這個「陷阱」裡愈陷愈深，不能自拔，最後都付出了痛苦的代價。

自古以來，人類爲捕殺動物所設的「陷阱」通常有下列三個特徵：一、有一個明顯誘餌。二、通往誘餌之路是單向的，可進不可出。三、愈想掙脫，就愈陷越深。

人生道上的大小「陷阱」多少也與此類似。社會心理學家泰格（A.Teger）曾對參加千元大鈔拍賣遊戲的人加以分析，結果發現掉入「陷阱」的人通常有兩個動機，一、是經濟上的，

二、是人際關係上的。經濟動機包括渴望贏得那張千元大鈔、想贏回他的損失、想避免更多的損失；人際動機包括渴望挽回面子、證明自己是最好的玩家以及處罰對手等。

千元大鈔就是一個明顯的誘餌，開始時，大家都想以廉價而容易的方式去贏得它，希望自己所出的價碼是最後的價碼，大家都這麼想，就不斷地互相競價。當進行一段時間後，也就是出價相當高時，相持不下的兩人都發現自己掉進一個陷阱中，但已不能全身而退，他們都已投資了相當多，只有再增加投資以期掙脫困境。當出價等於「獎金」時，競爭者開始感到焦慮、不安，發現自己的「愚蠢」，但已身不由己。當出價高過獎金時，不管自己再怎麼努力都避免不了的是個「損失者」；不過，爲了挽回面子或處罰對方，他不惜「犧牲」地再抬高價碼，好讓「對手損失得更慘重」。

2

錢的管理

錢少會倒，錢多更糟，創業進退兩難

錢是英雄的膽，尤其是對初創業者而言，多拿一些錢，
等公司要度小月的時候，手裡才有現金度過難關嘛！
不過竟然有創業者會因爲錢太多而進退兩難，
這又是怎麼回事？

【迷思點】

「錢是多多益善，趁著時機大好、股價高漲的時候趕快辦增資，現金拿得愈多愈好嘛！」這是每個人都知道的通例。

錢是英雄的膽，尤其是對初創業者而言，多拿一些錢，等公司要度小月的時候，手裡才有現金度過難關嘛！

不過竟然有創業者會因爲錢太多而進退兩難，這又是怎麼回事？

【故事主角】

錢多科技·富總經理

達利的例行會議——個案以及主題研究時間。

在每次例行的經驗交流會議裡，傑夫或畢修都會經常性地提出一些「腦筋急轉彎」與大家一起討論，美其名爲「創投動動腦」的討論，可是對AO而言，卻像是達利的升等考試一般，因爲傑夫或畢修所提的問題都很難回答，讓達利的同仁對此又愛又恨，愛的是這種案例往往是「增強功力」的最佳時刻，恨的是很容易就被傑夫或畢修考倒……

一方面可能是傑夫與畢修喜歡找機會逼迫員工學習（而且他們每次都冠以堂皇的大帽

子，說什麼「困而知之」、「教學相長」之類的）；再則讓人奇怪的是，爲什麼他們老是能夠一再遇上難處理的棘手案例呢？或許這就是創投這行業迷人之處吧！

今天，當例行會議告一段落，大家不約而同望向畢修，等著他今天又要使出什麼怪招。畢修故作玄虛地環視達利的幾位AO，然後在白板上寫下今天的題目：「對錢的態度與管理」

錢的管理一：錢多多益善？

錢？創投每天打交道的就是錢，還需要什麼態度？當然是多多益善囉！

錢的管理？不過兩句話就結了：「盡快獲利了結，入袋爲安！」

每個人七嘴八舌地搶著發表高論，說來說去總是不離上面的兩句話。

畢修笑著說：「你們所提的都是我們的看法，可是對創業的老闆們呢？他們又該如何？」

這問題更容易回答了，所以查爾斯連想都不想，馬上說道：「只要我們獲利，創業者必然獲利，兩者相輔相成嘛！這是一體兩面的啦！」這回答贏得眾人鼓掌，一致認可。

畢修笑容有些詭異地說：「我們自己當然是錢多多益善，可是我們希望經營者錢愈多愈好嗎？當創業者**錢多多的時候，我們是該喜呢？還是該憂？**當創業者**錢很緊的時候，我們又應該喜呢？還是該憂？**」

嘿！這幾個問題本身就透露著許多的詭異，令大家皺起眉頭，一時沒人答腔了。以畢修問話的方式來衡量，顯然答案是應該憂慮才對；可是哪有兩個答案都是憂慮的呢？這就有些說不通了……「創業者錢少我們應該憂慮」這還說得過去；可是「創業者錢多我們應該憂慮嗎？」這是什麼話！

一旁的傑夫忍不住笑著解圍：「錢少怕『倒店』，錢多怕『搖擺』（閩南語諧音，得意忘形之意）！怕創業者一有錢就隨便亂用啦！」一語中的。

畢修一看答案揭曉，又換了個題目：「可是有些人手上很多錢，可一點都不『搖擺』，相反的還很務實，這樣錢多又會產生什麼問題呢？」

錢多，務實，還會因爲錢多而產生問題？這就引起每個人的興趣了。

畢修接著將上星期拜訪錢多科技富總經理的故事描述一遍……

我錢多得是，你能給我什麼幫助呢？

這一天，傑夫和畢修連袂前往錢多科技拜訪。

錢多科技的富總經理對兩人的來訪深感驚訝，不過基於達利在創投界有些名氣，也基於禮貌，總是客客氣氣地接待兩人的來訪。過去雙方雖然見過幾次面，不過都是在達利的茶會與 forum（圓桌討論會）上，雙方一直還未進入眞正密切討論與合作的階段。

等客人坐下後，富總經理客套地問：「二位今天來，有什麼事是我可以幫你們忙的嗎？」這句話可就顯現出富總經理的處世圓融以及說話的趣味來了！照理說一般的說法都是：「你們來有什麼事嗎？」但富總經理的講法卻是：「有什麼事是我可以幫你們忙的嗎？」其實他問的是「反話」，在有經驗的創投人心中都知道他問的是這個意思：「你們來這邊能夠幫我什麼忙嗎？」如果你不上道，還以爲他眞的是請你提出要求的話，那就把關係搞砸，下次也甭來了！

從達利的角度來看，**創投和創業者的溝通內容不外四個過程：「Interviewing（面談了解）、Counseling（提供建議）、Negotiation（協商雙方合作模式），以及 Drafting（書面紀錄結論）」**，所以總得先由 Interviewing 的過程開始摸底才行，等狀況摸清楚了再適時提出一些獨特的見解或是建議，這樣雙方才能談得更深入嘛！

雖說是 Interviewing，可也不能眞的一個問題一個問題地問，因爲對方根本沒有義務與心情回答你的問題。所以《達利教戰守則》就明白地提醒：「所有的 Interviewing 都要在自然的、不動聲色的情況下展開，最好的開場白是對方引以爲傲，或是樂意談的話題，這才能讓雙方的談話有意義地持續下去。」

創投老鳥與菜鳥的功力懸殊就在 Interviewing 上顯現出來了！對傑夫與畢修而言，教戰守則是他倆寫的，當然是應用自如的囉，**再說創投不就是靠一張嘴巴吃飯的嘛！【附註】**

傑夫和畢修互看了一眼，說時遲那時快，畢修先問了一句話：「據說貴公司現在有上億的資金在手上？這筆錢短期用不上吧？」

富總經理並不驚訝達利知道這種事情，創投業向來善於蒐集資料，所以也沒什麼好隱瞞的，所以他點點頭，不過雖然沒說什麼，眼神卻透露出幾分懷疑，似乎在問畢修與傑夫：「難道你們想打我們的錢的主意？」想來也是，碰到兩個創投的人問出這種問題，理所當然會懷疑對方是打你錢的主意呀！

然而富總經理也不是省油的燈，他心裡想：早就聽說達利這兩個老狐狸很厲害，招術很多，不過一直沒機會見識；反正錢在我的口袋裡面，今天就看這兩個人能夠怎麼動我錢的腦筋吧！想到這裡，富總經理調整了一下坐姿，好整以暇地看著對面的來客。

眼看富總的反應，畢修與傑夫相視笑了笑，沒說什麼；畢修突然站了起來，走到會議室的白板前，清清喉嚨對富總經理說：「好，總經理，我們想先請教一個問題，貴公司現在**最大的機會**是什麼？」畢修邊問邊拿起白板筆，一副預備把富總經理的話寫在牆上白板的樣子；他這個架勢可讓富總經理不好意思隨便說說囉！

先從高興的談起

富總一聽這話有些驚訝：不是來打他的錢的主意？那來幹嘛？談什麼機會？什麼是什

麼？這怎麼回事？

其實畢修這樣的說法與動作完全是要引起富總的注意力，先點明自己知道富總手上很多錢，藉以暗示對方今天並不是來談投資的，所以別擔心吧；然後再問對方最大的機會是什麼以引起對方的興趣；再加上慎重其事的架勢，三者齊下，無非是要引起對方的注意力以及慎重地回答。

別忘了，創投業者的每句話與每個動作都是有涵義的，畢修與傑夫更是其中的典型。

其實畢修用的是《達利教戰守則》所提到的破題法之一。教戰守則上是這樣寫的：「許多在實務上和學理上有經驗的人都慣用一種SWOT分析法來判斷一家公司的強、弱、優、缺；也就是所謂的Strengths、Weaknesses、Opportunities和Threats的分析方式：由一家公司的強處、弱處、機會和威脅對其分析。在達利看來，這種傳統的分析方式太麻煩了，並不好用；所以達利強調只從「機會點」開始就好，原因很簡單：

第一，一般人在談機會的時候都比較健談；尤其是創業者心中都有夢想，在提到機會的時候總能侃侃而談。如果先談Threats的話，一般人是不太願意開口的；尤其創業者將公司經營得不錯的時候，談Threats就好像是負面語氣，很容易讓雙方冷場。

第二，初創公司所面臨的缺點、威脅幾乎都大同小異，想也知道，所以不必花太多時間來探討缺點及威脅的部分。

第三，先談機會面，等雙方談得投緣以後，對方自然會「順便」提到許多弱點、威脅等等，這時候再順勢引導，自然談起。

所以達利一貫的作法都是從機會談起。

富總經理一看畢修這個架勢，加上解釋公司機會的過程中傑夫總是會適時地問些關鍵問題，所以一講就停不下來，滔滔不絕地介紹了錢多科技的機會和產品線等狀況，一講就是半個多小時。

原來錢多科技在國內已經有一、兩個產品線站上第二名的地位，雖然國內還有其他比它更大的領導廠商，但是從技術來源以及團隊精神來看，錢多科技很有機會超越競爭者成爲臺灣最大的供應商；加上錢多科技已經有幾個產品線有穩定的收入，算達到 Bread and Butter（穩定業績）的基礎，獲利穩定，雖然因爲競爭的關係單價逐漸下降，但錢多擁有一些特殊的技術與基本的核心能力，可以繼續地降低成本，所以競爭條件還是相當樂觀的。果然狀況很好！

錢的管理二：獲利就一定是好事嗎？

「錢多去年賺錢嗎？每股又賺多少錢？從大略的財務報表來看一股好像賺一塊多？」傑夫突然打岔。

「是啊。」富總經理回答。

「今年狀況如何?」傑夫繼續問。

「大概也是在這個範圍吧;或者稍微好一點點。」富總經理想了兩秒後回答。

通常，一般人在聽到這樣的回答之後就會停止發問了，但傑夫可不一樣;一個問題接著一個問題地問下去可是達利訓練新進人員的生存之道之一;所以傑夫換個方式繼續發問……

只聽傑夫問了個奇怪的問題:「富總，你認爲公司賺錢就一定是好事嗎?」

富總楞了一下;這是什麼問題?

沒等對方回答，傑夫又接著問:「總經理，你所謂今年會跟去年差不多，是依據什麼樣的假設條件?是你今年都不再做新投資呢?還是所有應該投資、可以投資的新項目都已經進行後的估計呢?」

傑夫的這兩個問題再度顯現問話人的功力深淺，更由不得對方不去推敲這句問話背後的涵義了。

一般情況下，賺錢當然是好事，可是與後面的問題連在一起，這就有些複雜的涵義了。不管是做新事業、新發展或是新人員的招募，該花的錢不但是馬上花出去，效果還不可能立竿見影，總得等上一、兩年才會顯現投資效益吧!換句話說，今年的投資有可能必須等到明年或一年半後才能顯現效果，所以當年的獲利率必定受影響。反過來說，如果把投資往後延或分散掉，財務報表上的獲利能力就會因爲這部分的支出減少而大大的美化；雖然美化了今年的財務報表，卻也相對可能會失去技術、市場上的競爭力，因此被競爭者趕上，甚至於永遠失去了領先的機會了。所以投資與不投資會嚴重地影響到今年的獲利力，更會影響到未來的競爭力！

傑夫問這個問題，其實是想了解富總經理心目中到底是如何拿捏與打算的？是著重短期財務報表的好看呢？還是願意損失短期的獲利力換得公司長期的競爭力呢？同樣是獲利，意義可完全不同！

由此看來，獲利、EPS（earning per share，每股獲利力）很高一定是好事嗎？未必吧！富總經理也不是省油的燈！聽了傑夫的問題想了好半晌，心裡思考著到底要不要告訴畢修和傑夫事實的眞相，他心中開始掙扎著……

傑夫與畢修在旁邊喝茶，慢慢地、靜靜地等待，一點都不急，不爲什麼，只因爲這些老闆們經常都會面臨這樣的疑慮：「到底要不要告訴對方我內心眞正的想法？」尤其是達利還不是錢多科技的股東，這層顧慮當然是合理的了。

可是從另一方面來看，很多經營老闆在公司成長過程中經常遇到各式各樣的挑戰，最苦的是很難找到可信任、有能力、又可以互相討論的人，這種「知音難尋」的感覺是經營者最深刻的遺憾，所以一旦碰到了像傑夫和畢修這樣可以馬上看透經營訣竅的創投，很多經營者就很難抗拒心中那股想要繼續交往、繼續深談的念頭。

所以傑夫與畢修一點都不急，慢慢地等待著，活生生的兩隻禿鷹！他們兩人很清楚，對方倘若沒有打破這層顧慮的話，雙方關係就不可能有往前進一步的發展。

看看時機基差不多成熟了，傑夫適時地開口點了一下富總：「總經理，你會有顧慮其實是很正常的。說實話，我們自己也經營過事業，也看了很多公司的經營者，絕大部分的人都會考慮該不該把內心眞正的想法告訴創投人。你放心好了，我會問你這個問題，代表我已經約略可以猜出你心中的想法了。」

這又是《達利教戰守則》其中的一招：旁敲側擊地、間接地問讓答案更上一層樓。富總經理不自覺挑起眉頭，似乎在問：「哦？是嗎？你已經知道我在想什麼？」臉上也不覺露出幾分懷疑的神情。

傑夫笑了笑：「這樣好了，你先不說，讓我來猜猜看如何？」

富總點點頭，其實他不知道，一旦點頭讓對方問這種問題的話，在心裡面就已經打破那層隔離，與來客的交情更深入一層了。

傑夫笑了笑，很有信心地分析起來：「基本上你今年能賺兩塊錢是因為你沒有大舉擴充R&D（研發）等人力，也沒有充分把握你剛剛所提的這些機會，因爲倘若你眞正做了大量的擴充且積極佈局的話，照理說錢多科技今年的獲利不可能比去年好才對。總經理，以你剛剛所提到的規模、所需要的人力，甚至在機器設備或生產上，你所需要的資金並不是小數目耶，以錢多科技現在的規模來衡量，至少也需要資本額的二成至三成左右，而這絕對會影響你的獲利力的！」傑夫非常肯定地說出他的看法。

富總經理驚訝地看著傑夫，再也不敢怠慢，他想：「既然你們問得出這樣的問題，答案也相當接近，看來是有備而來……也罷！我乾脆打開天窗說亮話，順便把我心中的問題丟給你，看你能夠給我什麼幫忙吧！」這一想，富總經理因而問道：「不瞞二位，雖然今年估計獲利能有兩塊錢，但我心中一直有個疑問，那就是：我到底應該減少支出，盡量提高今年的獲利呢？還是降低一些今年的獲利來做新事業的投資？」

畢修在一旁默默聽著兩人的對話，忍不住出聲詢問：「以你自己的分析來看，錢多科技今年的機會會不會因爲延誤投資而喪失？還是晚兩年投資也不要緊？」

顯然畢修的話問到要害了，富總經理沉著臉色回答：「據我觀察，競爭者對這方面的市場也很看好，也開始積極佈署和擴充研發與產能了。換句話說，如果我們今年不開始擴充與佈局的話，那我們之間的差距會愈來愈大……」說到後來，似乎連音量都有些變小了。

畢修看了看傑夫，傑夫點點頭，繼續以教戰守則裡 Interviewing 的方式探知他想知道的事情：「富總，這就不對了！據我們所知，你手上的現金至少上億，那麼多的錢就算做些新投資又有什麼影響？對你而言資金根本不是問題，你有什麼好顧慮的？」傑夫向富總經理丟出一個有趣的問題。

富總經理被動地盯著傑夫，想了許久，沒有回答問題。傑夫心想：沒關係，等會再來談這問題也好，所以轉個話題：「對了，你怎麼會拿到這麼多的資金呢？是不是上次增資股價高的時候拿到的？」傑夫也不是省油的燈，巧妙地把話題岔開了。

富總經理鬆了口氣，顯然這個問題容易回答多了：「大約一年半前，當時股市還不錯，連未上市股票也很熱，一股好幾十塊呢！錢多科技當時機運不錯，所以增資拿了好幾億元的資金，當時的目的是爲了公司要擴充，除了ＩＣ的製造還要做模組，而模組的搭配最好能夠自己生產比較好掌握良率，所以我們想多拿些現金來買廠房，把本來應該外包的部分改成自己做。」

錢的管理三：拿現金買固定資產？

一聽到「買廠房」可是「代誌大條」囉，所以傑夫和畢修兩人的眉頭馬上皺了起來。從達利的角度來看，ＩＣ設計公司的競爭優勢是在人才，而不是資產；加上ＩＣ公司的資源需求大多很緊張，隨時都有許多難以預料的挑戰，所以在傑夫和畢修心目中，最忌諱的就是這些公司把現金拿來買資產了！對初創公司而言，錢的管理其實是最重要的事情之一。

一般人會投資房地產心裡的想法不外乎是這樣：我把現金放在資產負債表上，它是「死」的，沒什麼建設性貢獻，銀行利率這麼低，甚至連利息都沒有，這些錢「凍」在這裡有什麼用呢？如果拿來買房地產，不僅可以保值，甚至公司要向銀行貸款也有抵押品了，現金的週轉情況就不一樣囉！這樣錢才能夠「活」起來了。

然而達利卻認爲置產保值以供抵押的觀念是錯誤的！因爲公司在擴充階段隨時需要現金，何況從整個局勢來看，未來增資狀況難以預估，現在增資容易並不代表以後增資也容易。既然初創公司各個階段都需要增資，而募資的狀況經常會隨著外界的資金市場而改變，需要錢的時候未必可以抵押借款！因此達利往往會勸初創公司保留所有的現金以應付公司成長的需要，不要把珍貴的現金讓不動產給「劃不動」了。

錢的管理四：保值？不是初創公司的目的所在！

再說，如果把錢放在房地產上，在可預估的未來三年、五年，甚至十年，它所產生的效益是很低的；雖然房地產可以保值卻不能增值！**初創公司的目的並不在保值，而是在「創造價值」**；如果把最需要的現金拿去保值，因而忽略了公司經營的目標和創造價值這件事的話，就有些搞錯方向，把珍貴的現金浪費了。

加上最近資訊產品進入了微利時代，企業的獲利愈降愈低，尤其是ＩＣ的產品，國內、外的廠商殺價都殺得厲害。臺灣過去的成就大部分都是屬於取代市場，也就是取代國外產品的進口，當時國外廠商動作比較慢，總會留下相當多的時間和價格空間讓臺灣廠商有機可乘；可是現在國外的廠商殺起價來可是比臺灣廠商還凶悍，像無線網路、一些關鍵零組件、手機的晶片，甚至像晶片組（chip set），周邊相關的東西都殺價殺得血淋淋的。在這種情形下，國內的廠商經常都要擴充自己R＆D的設計能力、降低成本以保持競爭力。所以達利認爲所有的現金必須留著「打仗」用，甚至有時候還要奉陪國外廠商的殺價競爭呢！

總結來說，以達利的眼光來看，現金是初創公司最重要的資產了。

當傑夫和畢修將達利的想法完完整整地告訴富總經理後，富總經理更沉默了，臉色陰晴不定的他似乎在問自己：到底這些錢拿來買廠房對或不對？

富總經理的心事重重，使得畢修忍不住重提剛剛的話題：「富總，你爲什麼把資金拿來投資廠房跟土地？爲什麼不把握機會將錢投資在R＆D或新設備上呢？」

聞言，富總經理抬眼看看畢修又看看傑夫，欲言又止。

「當然了，你投資在R＆D上是不可能立竿見影的，大概需要一年至一年半的時間，甚至兩年才能發揮功效，所以錢多科技今年的EPS會受到影響；相反的，如果把這錢拿來買廠房或是土地的話，這還是資產，甚至於可以省下廠房租賃的費用，所以就不會有這樣的問題，對不對？」不等富總經理回答，畢修已經先戳破事實眞相。

富總經理看看兩人，不由得苦笑，笑容隱約洩漏了他心中的想法：達利這兩個人還眞是會猜呀，屢猜屢中！

錢的管理五：當初是肥水不落他人田，沒想到讓員工住進「套房」

傑夫看氣氛有些尷尬，故意打哈哈說：「哎呀，我們先不談這個；再回到資金上吧！總經理，你現在有那麼多現金，當時增資的時候，員工有沒有認股？還是都是找外面的股東出錢的呢？」

「比例百分之十的部分都是員工認了；那時候股價好，所以大家認得也很高興，很多人還爭取多認了許多股份。」富總經理感激傑夫的解圍，很快地回答。

「那現在呢？」

「唔……」這下氣氛頓時又變得很尷尬了。

唉，誰不知道現在的情況？傑夫簡直哪壺不開提哪壺嘛！當時股價高，一般的員工都認爲認未上市股後馬上就有發財的機會，尤其未上市盤的價格都相當高；何況一般現金增資價格都會比未上市盤價格低個二〇%以吸引現有投資者繼續投資，因此員工認股後如果可以拿到股票，只要一轉手，馬上可以賺二〇%，因此大家對認股都興致高昂，不但自己拿積蓄出來投資，更多的是向銀行舉債貸款來認股；想來錢多科技的情況也是如此？！

富總經理點點頭，證實了錢多科技也不例外！這樣一來就透露出更多錢多科技富總經理所承受的壓力了！

當今股市跟一年半前完全兩樣，當時借貸認股的員工必然承受許多資金的壓力，尤其是現在未上市盤的股價和當初相較恐怕還不只是「攔腰斬」，員工等於認一股賠一股，然而銀行的貸款利息可是每個月都要繳的，相信就算是賣光手上全部的股票依然欠一屁股債的員工必然不在少數。

以往，達利就常提醒創業者：「**員工是最不成熟的投資者，讓員工分紅可以，但盡量不要找員工出錢投資**」，因爲員工都認爲公司認股當然是要讓員工賺錢才對，哪有賠錢的道理呢？所以員工都期望投資以後就必然賺錢；可是投資原本就是個「願賭服輸」的遊戲，哪有一定賺錢的道理？但是員工可不這樣想，當整個股價下來，員工雖然知道當初借錢與認股都是自己心甘情願的決定，可是心中難免有所埋怨或怨恨。

錢多科技的員工是不是也帶給富總經理這樣的壓力呢？傑夫和畢修從富總經理沉重的臉色已經窺出端倪。

錢的管理六：「爭取上市」是如虎添翼呢？還是讓公司成了跛腳鴨？

傑夫繼續問：「看來員工會要求貴公司趕快上市、上櫃囉？」

富總經理沒講話，點點頭。

傑夫和畢修兩人相看一眼，頓時恍然大悟，原來所有問題的癥結都卡在這裡了！就是因爲有上市上櫃時間的壓力，怕到時股價不好，所以必須維持公司的獲利能力，要盡量提高EPS，也因此富總經理才不敢擴充R&D的人力，也不敢進行其他擴充與投資，就是擔心會影響到EPS的緣故！

眞相大白，沒想到上市、上櫃本來是「如虎添翼」的一件美事，現在卻讓錢多科技成了「跛腳鴨」！

由此想來，不只員工，連當時增資出錢的股東也都會希望公司趕快上市上櫃，好讓他們出脫股票；即使股價不一定比投資時高出多少，但只要上市了，以後總是比較有機會產生爆發力的吧？！

可是對達利而言，可不這麼認爲了。畢修嘆了口氣後說道：「總經理呀，即使你急著上市或是上櫃，以你現在的獲利也只有一股賺一塊、兩塊而已，上市後股價能高到哪裡去呢？這樣的上市上櫃對你有什麼實質意義？對已經住進『套房』的股東與員工又有什麼實質意義呢？」說得頗語重心長。

富總經理看看畢修，有些有苦難言。

傑夫笑了笑，語氣神祕地說：「股東與員工未必相同！我相信這些股東是打著另一個算盤的！」

另一個算盤？這倒新鮮了！畢修和富總經理兩人皆好奇地問：「什麼樣的打算？」

傑夫似笑非笑地解釋：「臺灣的股市很有趣，大家除了看基本面以外，還要看整體市場面、籌碼供需面，甚至看股票在誰的手裡這才是重點，另外還要加上有沒有想像空間或題材等等。

臺灣的股市在某個時間點都會有一些熱門股，都會產生一些成長的想像空間；這些想像空間成爲熱門飆股的原動力，只要跟這個熱門題材沾上邊，不管本業如何，股價都能雞犬升天。想想看，錢多科技只要上市了，因爲本業上面已經賺錢了，題材又是屬於高科技的類股，所以只要等待時機到來，一旦沾上『想像空間』飆股題材的話，股價馬上就可能飆高！加上錢多科技的股本小，所以籌碼不多，更有可能飆高。

依照過去的狀況來看，很多情形下這種飆股的股價大多數會超過當時認股的價錢，雖然眞正飆股的時間只有十天、五天，但價量一定劇揚；這時候原股東趁機出脫手中的股票，還有機會可以獲利了結呢！

所以囉，對一般的股東而言，公司最好先上市，上市之後即使股價不高、無價無量也沒關係，就慢慢地等機會吧；一旦公司生產的某些ＩＣ突然成爲熱門飆股的，那時候就發了！如果公司不上市上櫃的話，即使有這樣的熱門題材也是枉然。所以與其在未上市盤等待，不如逼公司上市！我相信錢多科技的股東也希望公司盡快上市吧，對不對？」

錢的管理是創業老闆最難的挑戰

聽到這裡，富總經理不得不佩服達利這兩位訪客了，果然是有經驗！他轉以誠懇的語氣說：「你們所說甚是！可是我現在到底該怎麼做呢？一方面我希望上市，讓員工或股東至少有還本的機會；可是另一方面，我覺得公司的發展機會很大，如果現在不把握機會繼續投資與擴充的話，我的競爭對手會愈跑愈遠，我與他們的差距也會愈來愈大。你們有什麼建議嗎？」

好啦，眼前富總經理已經把問題丟出來了！以這狀況來看，這下 Interviewing 的階段算是完成了，藉由問題討論的過程，達利對於錢多科技以及富總經理的狀況的了解已經告一段落，接下來該怎麼辦呢？這就進入 Counseling 的階段了；只不過，達利該給什麼樣的答案呢？

達利有能力給建議嗎？這是富總經理的疑問，可不是傑夫與畢修的疑問。對傑夫與畢修而言，即使達利有能力給予建議，可是對達利有什麼好處呢？達利是投資者，講究的是 give-and-take（有來有往），商業講究的是利益交換嘛，如果對達利沒有好處的話，爲什麼要免費倒貼呢？嘿嘿，既然富總提出問題，看來獵物已經一步一步踏進狩獵範圍了，這兩隻禿鷹已經蠢蠢欲動，開始要採取主動了。

錢的管理七：減資退錢也不行嗎？

雙方沉思了片刻，畢修打破沉默，換個話題問：「你現在股東戶號有多少？」戶號？這有關係嗎？富總經理滿臉狐疑。「詳細數字我不是很清楚，但應該將近八百吧！」

傑夫一聽這樣的問題就知道畢修的目的了；股東戶號一多，很多事情就不太容易處理了。

畢修接著說：「股東戶號這麼多，所以你也不能辦減資把錢還給股東了，不然最後出錢的股東會翻臉的！唉，如果可以部分減資的話也是很好的一條路，可以把用不上的現金還給股東，並且把現在的股本降低一些，這樣的話，即使繼續擴充也還是可以維持EPS到一個不錯的程度；現在股東戶號太多，成分太複雜，減資做不來了！」

不過為什麼錢多科技的股東戶號會那麼多呢？

其實這是臺灣股市的特殊之處。臺灣有很多創投或是個人投資者，當其投資在初創公司的股票閉鎖期一過，股票拿到手以後，就會開始在未上市盤中伺機拋出。股市愈熱絡，未上市盤交易就愈熱絡，購買的人很多是零星股份購買，也是散戶，所以公司的戶號便愈來愈多。

加上這些散戶又經常買進賣出，所以戶號愈來愈多；散戶一多，股東就比較複雜，初創公司的許多動作，例如減資之類就難以推動。

富總經理看傑夫和畢修沉默了很久，忍不住催促：「我剛提的那些問題，你們能幫我解決嗎？有什麼辦法嗎？」誠懇請教的意味溢於言表。

傑夫聞言笑了笑：「可以啊，我們當然有解決之道；可是你有沒有想過我們為什麼要幫你忙？對達利有什麼好處呢？」

富總經理從來沒有想到有人會這麼直接、這麼理直氣壯地要好處的！看來達利的人真的不是簡單人物，怪不得有人稱他們是：「敢要、敢給」！目前看來，至少「敢要」是名不虛傳的了！

說的也是！創投基本上是沒有白做工的！以前傑夫就常對公司的同事說：「我們對很多人提供幫忙，一開始的時候當 free consultant（免費顧問）沒問題，因為這可說是拓展業務的必要行銷手段，就像是飯店的『試吃』吧！可是當我們愈來愈深入事件，所提供的建議愈來愈有價值的時候，如果我們還是免費的話，那就成了『公私不分』，拿公司的經驗免費送給朋友，這就不妥當了。在我看來，我們所有的顧問知識與經驗都是從公司而來，說是公司資產並不為過；假使我們經常施這種私人恩惠，公司卻沒有任何好處的話，表面看來我們是在交朋友，其實跟『假公濟私』並無兩樣。」

因此每到真正的關鍵點時，傑夫都會很明白地、很理直氣壯地問對方：「我給予你幫助可以，但是對達利有什麼好處呢？」表面看起來傑夫實在是小人，太斤斤計較了；其實站在公司的角度來看，這才是正確的生意之道。

富總經理是個老實人，對這樣赤裸裸的談話有些驚訝，他不禁楞在當場。他想：說的也有道理，如果達利幫得上忙的話，照理說是應該給他們一些代價才對。但是怎麼給呢？現在錢多科技股東那麼多，而且也不需要增資，也不可能讓他們投資，這要怎麼處理呢？想來想去，還眞不曉得怎麼辦才好……

畢修和傑夫兩人一搭一唱，默契絕佳。這時候畢修開口了：「哎呀，富總經理呀，你也不必煩惱，我給你兩個 proposals 吧？

第一，我們先給你個建議，免費服務，如果你認爲我們的建議有價值、很實用，你再考慮給我們報酬。

第二，至於報酬的部分，你給我們技術股就可以了；如果技術股不夠，以後增資的時候，你讓我們當特定人認股也行。

最重要的是，如果你認爲我們的建議不錯的話，你再付酬勞；如果不好，你也不必費神了！」

果然是「敢要」、「敢給」！不過先提建議再付酬勞？畢修和傑夫有沒有搞錯？不怕人家吃了以後就開溜嗎？嘿，這就是達利和其他創投不一樣的地方了。一方面傑夫要求對方要承認、肯定達利的幫忙是有價值的，這是原則問題，另一方面，如畢修所言，達利允許對方「試吃」，讓對方聽完建議後覺得有價值再付酬勞，要是認為沒價值也無所謂，聽聽就算了。其實以前就有同事針對這個作風問過傑夫和畢修這樣的問題：「萬一我們提供的幫忙是有價值的，而對方認為沒價值，那達利不是吃虧嗎？」

傑夫當時的回答是這樣的：「**創投的安身立命之道就是當創業者的顧問、朋友與夥伴**，他的解釋是：

第一，經營企業怎麼可能遇到一個困難就告一段落？誰不知道經營企業所碰到的困難比比皆是，而且隨著時間的推移、企業的成長、公司規模的擴大而有所不同，所以試吃幾次沒有關係，以後創業者需要的協助還多得是！

第二，延伸來講，創投人的角色除了是投資者之外，一個好的創投人還應該是創業者的顧問，能提供有價值的資訊和幫忙，協助經營者度過難關，或者避免踩到地雷，這是創投業者基本的自我要求，過程中我們也可以增加自己的功力。

第三，再進一步來說，創投人還應該是創業者的朋友，能分享他創業過程中的喜怒哀樂和情緒起伏。想想吧，每個人都需要朋友，何況創業者都很孤單，喜怒哀樂不能隨便告訴別人，這些創業者其實是最需要朋友的，而我們是最適合的人選，也是最有能力與經驗扮演這樣的角色……遲早對方會給我們適當的代價的！

第四，再說吧，如果經營者是有眼光、有經驗的話，他會清楚知道達利幫他解決了困難；倘若他『佔了便宜又賣乖』——故意說達利的價值不高而不付酬勞，等到下次面臨困難時，他好意思再向達利要求協助嗎？即使他硬著頭皮來提出要求，我們也不是省油的燈，提供的建議他怎麼知道不會是『蜜糖毒藥』呢？況且達利所提供的建議，在執行面上看來容易，其實存在很多的『眉眉角角』(閩南語)，這些眉眉角角才是眞正的關鍵所在；萬一他處理不好，表面看起來是對的，其實卻會掉進一個弄巧成拙的陷阱。

總之，碰到爽快的人達利也會回敬一個爽快；不爽快的人自然在最後也不會佔到絲毫便宜。所以達利從來不在乎讓人家先來一次試吃的！」

也難怪傑夫與畢修胸有成竹了！從他們的角度來看，爽快地給經營者一個最好的建議，讓他們能體會出達利的價值這才是重點所在；經營者爲了以後能繼續得到達利所提供的價值，這才會給達利很好的技術股當報酬，這也是爲什麼現今達利手上有這麼多技術股的緣故了。

還好富總經理也是個爽快的人，點點頭，認爲畢修的提議合理，於是一口答應：「好！你們認爲我應該怎麼做？」

傑夫立即站起來，走到白板前寫下幾個字：「錢的管理要件」：

一、暫時停止上市上櫃。

二、停止蓋廠房。

三、把可用的資源盡量擴充到應該做的項目上。

四、告訴股東你要進行的動作，取得股東理解與支持。

寫完這四句話後，傑夫又坐了下來，一句話都不講；正好中午準備的便當也送進會議室了，他和畢修一點也不客氣地拿起便當大快朵頤，一邊用餐還一邊談起風花雪月來了，關於正事卻一個字也不提。

富總經理對傑夫的舉動好生納悶，心想：寫了以後也不解釋，這是什麼意思呢？尤其是第四點，他根本搞不清楚是什麼意思，到底該怎麼做才好？左想右想，如坐針氈，不過看傑夫顧著吃飯似乎沒心情談正事，所以也不好意思繼續追問。

畢修心裡可是非常清楚傑夫的用意，其實這是兩人的共識和習慣！根據經驗，傑夫每次對創業者或經營者提出建議以後並不會馬上解釋，因為他認為當場解釋是沒用的，必須讓對方自己去體會以後再說明才對。

在創投角色裡面雖然分為四階段，但第二階段的 Counseling（提供建議）並不是直截了當地告訴經營者 What to do（該做什麼），而是點到為止，然後讓對方有充分的時間慢慢地體會，等悟出對他們真正有用的想法以後這才能達到 counseling 的價值！不然經營者左耳進右耳出，完全沒有吸收，對他們而言有什麼價值呢？這兩個人很清楚地知道重要的不是他們講了什麼，而是對方聽進去了什麼。換言之，對達利而言，在進行 Counseling 時，除了內容以外，第二個重要的關鍵因素就是講這些內容的 timing（適當的時機）。

其實，傑夫和畢修一邊吃飯，一邊留心觀察著富總經理的神情變化；雖然富總經理也加入嘻笑的陣營，但他顯然心不在焉。畢修和傑夫雖然很起勁地談著最近的狀況和生活的樂趣，卻沒忽略富總經理的臉色還是有些迷惑，對富總經理三番兩次抬頭想問問題卻又不好意思打斷閒話的尷尬也盡入兩人眼中……

傑夫擺明了不想談這些事，所以富總經理也只好一直隱忍著，後者心想：好吧，等到傑夫吃過飯再來談這個問題吧！

好不容易午餐結束了。傑夫和畢修好整以暇去了洗手間，兩人回來之後看見富總經理還坐在原在的位置；再看看桌上的便當，幾乎原封未動。傑夫知道富總經理心底想要知道傑夫葫蘆裡到底在賣什麼藥的壓力已經累積了相當大的能量，他想：是時候了，該告訴富總經理答案了！

錢的管理八：善用現金，在上市前完成佈局

傑夫笑了笑，神情輕鬆卻不失嚴肅地說：「總經理啊，對於我的幾個建議，我想你最大的顧慮是在於停止上市上櫃吧？！今天所有的股東和員工都希望公司上市上櫃，可是我們卻

建議你將上市上櫃緩下來，你知道爲什麼嗎？你想想看，今天錢多科技雖然已經達到 Bread and Butter 的程度，可是還需要 quantum jump（大幅跳躍成長）才能夠一飛沖天；假使現在硬著上市，你覺得錢多會有 quantum jump 的機會嗎？再想想，如果不發展新事業，不把握你剛剛所提的新機會，趕快把錢多跟競爭者之間的距離拉近，你有 quantum jump 的可能嗎？」

富總經理默默注視著傑夫，眉頭愈皺愈緊。

「老實說吧，錢多科技現有產品線中的某些產品繼續經營下去最多也只是維持競爭力和基本利潤，不可能有想像的空間或大幅成長的機會；公司想要大幅成長，勢必要掌握新機會和新領域，有投資才能跟你的競爭者一較長短。何況，上市上櫃後根本不可能做這些事，因爲會影響EPS；而且上市上櫃後所有的股東對你的期望完全不一樣，他們對短線的要求遠重於長期佈局，所以上市以後你的壓力只會更大，並不會減低，屆時你很難執行長期的規劃和投資，只能做些短期的規劃，而且必須在當年就要立竿見影，不然你就等著讓小股東罵你，等著其他大股東在董事會裡向你嗆聲。」畢修忍不住補充。

傑夫清清喉嚨，繼續他的解釋：「你何不趁這個機會、趁你比較有掌握度的時候乾脆好好運用手上的現金，把所有相關的佈局都先安排好呢？在我們的想法裡面，一個公司要進行比較大規模的佈局或成長的安排時，最好要在還沒上市之前，雖然這樣會影響上市上櫃的時間，但這時候經營者才能眞正掌握經營事業的精髓。

總經理，我想你也清楚，經營事業不該求一時的安逸，而是應該求至少三、五年後的績效。如果你根據我們的建議來走的話，錢多科技第一年可能會比較吃虧些，也難免會受到更多的壓力；可是在第二年、第三年以後就能夠持續成長，以中長期來看的話，比較有利！如果依照你原先的規劃來做的話，你的眼光只能侷限在一年之內，然後年年尷尬，前進不得後退不行。這是我們的邏輯，也是跟你思考點不一樣的地方，您多參考！」說罷，傑夫稍事休息，觀察富總經理的反應。

富總經理轉動著眼珠子，隨著思路的清晰，打結的眉頭似乎慢慢鬆了。

「還有，面對問題，把所有的狀況事先告訴股東比讓他們自己瞎猜好得多了！現在主要的股東若不是你的員工，就是一些法人，他們和你至少都有一些交情，雖然人數比較少但持股比較大，你比較解釋得過去。總而言之，趁現在小股東還不是很多的時候先做好長期佈局的基礎，然後誠懇地向股東們解釋；依我看來，他們雖然不能完全滿意，但也不至於失意和失望，更重要的是，他們心裡都很清楚目前公司少不了你，就算你現在提出一些他們聽起來會有點不爽的議案，只要不是太過不合理，他們大不了在會議上發發牢騷，最後也只有繼續支持你一途。」當富總經理的眼神轉向畢修時，畢修毫不猶豫地接過傑夫的話繼續發揚光大一番。

錢的管理九：短期現金使用來換取長期獲利的能力

傑夫看看富總，確定他已經多少聽進去一點之後，接著又說：「我建議你向股東解釋你必須這樣做的理由，只要能說服他們，讓他們認同錢多科技現在需要把手上的現金用在以後會產生 quantum jump 的項目上面，短期看來雖然會延遲上市上櫃，但只要有了 quantum jump 的基礎，公司還是會上市的；等上市以後基礎健全，機會一到來就更有想像空間，大家才有獲利了結的機會！不然大家永遠『噗噗游』（閩南語），股價就是十幾元，長期下來有什麼意義呢？況且說老實話吧，你現在掌握的股份加上員工的部份應該佔大多數股權吧？要是你堅持這樣執行的話，其他股東又能怎麼樣？」傑夫故意嘆了口氣，然後語重心長地建議：「長痛不如短痛！這是解決你現在的迷思最大的關鍵。總經理，您自己斟酌吧？」說罷，傑夫一語不發，靜候富總經理的回答。

富總經理移開視線，低頭沉思了好久；會議室裡的空氣凝滯著。過了好一陣子，富總嘆了一口氣，「當初怕錢少所以增資的時候刻意多拿了一些錢，沒想到現在卻會爲了錢多煩惱！前進不得，後退不行，眞煩人！」

傑夫很體諒地接著說：「在創投界我們常說的就是：錢少怕倒，錢多更糟……大家都只看到創業成功的一面，沒想到創業背後的辛苦，光是現金的管理就是個超難題呀！」

富總苦笑地說：「早知道就不創業了，好處不多，煩惱可不少！本來是好意想給員工多一點賺錢的機會，誰知道員工住進『套房』以後反而對我有所抱怨，你知道嗎，聽說還有人私下說我騙他們的錢耶！想到就讓人傷心！『好心給雷驚』(閩南語，意爲好意反而惹人怨)！你看吧，我們公司現在手上是有不少的現金，可是該怎麼用才對？股東、員工的想法都不一樣；他們才不管我怎麼用，他們對認股單純的目的就是要賺錢，至於怎麼才能賺到錢就是老闆的事情了！」

傑夫看看對方，也嘆了一口氣答道：「說的也是，創業眞難！沒錢什麼事都不能做；可是有了錢嘛，大家期望也多，壓力也大，似乎更難取捨與處理了！我們只能給你建議；至於要不要這樣做，我看還是得你自己多斟酌吧。」

傑夫與畢修看說得差不多了，站起來告辭。

錢的管理十：錢的涵義沉重非常

離開以後，傑夫看著畢修，有些感慨地說：「畢修，你記不記得上次我們一起創立網路公司的時候，我們總共拿了四億五千萬在手上，那時候看網路公司每天燒錢，雖然後來一個月只燒掉六百萬元，手上的錢還可以燒個五年，可是我們就已經緊張得不得了？」

畢修想想也非常感慨，「是啊，當時我們手上還剩下三億多的現金，根本不知道該怎麼用……那時我們是用錢也怕，擱著現金不花也怕，眞是有點『捏怕死，放怕飛』（閩南語，抓得太緊怕捏死它，抓得太鬆又怕它飛走的意思）。一方面擔心燒掉的錢，另一方面又煩惱手上的現金不知道怎麼用。」

「是呀，**股東給我們現金就是代表著股東對我們的信任，也代表著要求**！與其說我們怕不知道怎麼處理手上的『現金』，不如說我們怕的是不知道怎麼面對股東的『信任』，不知道怎麼幫他們『賺錢』吧！他們對我們有信心，我們對公司未來走向卻是進退失據，當整個網路崩潰的時候，什麼都不敢做。對比那時候的心情，和今天富總經理的境況似乎有幾分相像耶。」

畢修接口：「還好我們的股東成分很單純，後來乾脆把剩下來的三億多元一股腦地全還給股東，省得現金留在手上壓力在心上！這樣看起來，可惜富總的股東太分散了，連還錢給股東都不可能，累喲！」

兩人沒再說什麼，一路沉默地坐在車裡，等到了臺北傑夫下車的時候，突然對畢修說：「回想起來，其實創業眞苦，人家不給錢也擔心，人家給太多錢不知道怎麼用也擔心，創業還眞不好玩呢！」

畢修也是過來人，因而有感而發地搭腔：「所以我們幾年前就趕快改行做VC，當投資者情況總是好一點吧？」

「我看也不盡然！即使當創投，我們現在的錢也是股東給我們的錢，也是希望我們幫他們賺錢的吧？這不也同樣有壓力？看來不管是投資者或是創業老闆，只要牽扯到錢的用途與管理，就是麻煩事。太多錢或太少錢都不好。」

「照你這麼一說，只有**恰到好處的錢**才妥當了！不過『恰到好處』這四個字說來容易，眞的做起來哪那麼簡單呢？在我看來，創業的資金需求與手上的現金部位從來都不可能恰到好處的吧！所以創業老闆的壓力就永遠難以解除囉！」說到這裡，連畢修都有些感慨。

傑夫拍拍畢修的肩膀，笑了笑，「想開點！其實在現金管理上創投還是好得多，我們手上留閒置資金隨時預備投資之用是創投的必然現象，所以創投對現金的壓力並不像創業老闆這麼大。話說回來，我看創業者在現金管理上實在很難做到恰到好處的地步；不過既然選擇創業，就得忍受與處理這些麻煩事吧？這可是他們自己的選擇，我們還是保持我們的『旁觀者清』來得好……」

畢修也開玩笑地說：「何必創業呢？還不如當個員工單純些呢！」

「嗨，你別講，其實我還眞有幾分這種感覺耶！」

【附註】

「靠一張嘴巴吃飯的嘛！」這句話可是有典故的！聽說是傑夫某年某月與許多帥哥、美眉一起到國外潛水的時候，同組潛伴中有位醫生在知道傑夫的工作內容與性質後，當面對傑夫說的；只是局外人不知道當時這位醫師的原意是褒還是貶罷了。管他是褒是貶，反正當創投的人都會自動把別人的評語當成褒獎；何況哪個人不是靠一張嘴巴吃飯呢？所以傑夫也很高興地接受了這句形容詞。

3

目的篇

表面自由路，實質終身錮

在創業的領域，享受自由是要付出代價的！
從自由的另一個角度來看，因為你享受自由，
所以沒有人願意提供你任何幫忙，
因為你自由，所以別人也沒有義務幫助你，
最後反而會讓你處處受限。

【迷思點】

許多人之所以會創業是因爲不喜歡上班族的受拘束，整天被老闆要求做自己不想做的事，所以乾脆出來創業，尋找自己的自由天地；這些人總認爲自己創業比較可以享受自由，可以開發自己喜歡的產品、發展自己喜歡的技術，可以有自己的資本，可以與自己投緣的客戶打交道，擁有屬於自己的舞臺等，這一切都是因爲自己創業才可能擁有的自由和自主。

「你爲什麼要創業？」這是達利對每個上門來尋求投資資金的標準問題之一。創業眞的這麼迷人？這麼自由？這麼可進可退的嗎？在創投以及創業過來人的眼裡看來，創業的環境已經與以前大不相同囉！現在的創業根本就是作繭自縛，上車容易下車難，無窮盡的資源需求，背不完的責任與感情包袱。

創業根本就是無期徒刑的終身獄，是一條無可回頭的不歸路，哪來自由可言？創業後的際遇與當初創業時心裡想要的豈不事與願違嗎？

【故事主角】

弗瑞登：嚮往擁有自由、自主權的創業者

美國聖荷西的九月天，微涼的氣候舒適宜人。傑夫幾分鐘前才在某家餐廳坐定，特意挑了窗邊的座位，邊喝著飲料邊享受篩進屋裡的秋陽，看似自在悠閒，其實他的腦子裡可是忙碌得很；等會要和弗瑞登談創業的事，關於MPEG 4的投資嘛，可是還有許多問題尚待釐清呢！

充滿希望的MPEG 4

一想到MPEG 4，傑夫的神情馬上就緊張起來了。在未來技術的發展上，MPEG 4是個非常重要的關鍵技術，不管是數位相機、多媒體應用電器、手機、電影或電視，凡是與視訊（Video）相關的每項領域都需要用到MPEG 4相關的壓縮（compression）、解壓縮（de-compression）以及傳輸（transmission）的技術，因爲它可以壓縮檔案，提高傳送效率，增加頻寬的有效使用；因此對資訊業的每個人來說，MPEG 4都是種勢在必行的方向。既然如此，身爲創投的達利當然也對這項技術與應用不敢掉以輕心囉！

不過很多事情往往就是事與願違；人人有機會，卻沒人有把握。大家都知道MPEG 4非常重要，可是到底最主要的應用在哪裡？至今卻還是各說各話，莫衷一是！

到現在爲止，MPEG 4最明確的應用只是在閉路電視上，一般家庭保全公司的數位影像監視器（Surveillance Camera）就是使用MPEG類似的技術來壓縮影像以縮短傳送時間與所需的儲存容量；其他許多的應用，似乎只是短暫的喧騰一時馬上又無疾而終，例如只在電影裡露過面的數位電話（Video Phone）以及一直沒有普遍過的數位影像會議（Video Conference）等等，總之大部分的應用都還不成氣候，一直沒有成為主流產品。

因此在投資者看來，MPEG 4雖然是一個充滿希望與想像空間（promising）的技術，卻看不清楚殺手級應用（killer application）的所在。也就是因為這個領域還有許多的想像空間，所以達利對這類型的投資機會總是想多看一些個案，多了解一些技術，以釐清很多的不確定性。

其實創投業者也很可憐，自從網路泡沫化以後就沒什麼新鮮的好題材，算來算去還是只剩下電視、MPEG相關影像處理的領域最讓人稱道；可是這個領域所需要的資源可不是小數目，一出手沒有個一億以上根本不要想玩這個遊戲，所以達利對這個題材也是既愛又怕受傷害，尤其是對初創公司（start-ups）來說，最大的困難就是：**公司從現在開始發展到穩定階段，過程中所需要的資源太多了，從哪找來這麼多的資源？還有更重要的是：創業者有沒有長期「撩落去」的心理準備？**

在過去，資源的需求沒有這麼大，很多創業都只要千萬的資金就足夠，而未來的資金供應也不是問題，只要題材好，產品佳，創業者能夠依照事先規劃的里程碑（milestone）交出成績單的話，很自然地就可以不斷且順利地找到下一輪的資金。可是現在的情況可就不同囉，美國創投業已經了解到IC相關的領域不再是他們可以主導的領域，加上相關上、下游產業幾乎都已經移到臺灣或其他亞洲國家，所以只要創業者生產的產品和IC相關，根據達利的經驗看來，即使美國的創投業者知道MPEG 4的題目很重要，不過因爲使不上力，所以他們對這類的項目也都是興趣缺缺，要找到願意出錢投資者比以前困難得多了。

這樣一來，對臺灣的投資者而言可就「代誌大條」，事態嚴重了！

過去在正常情形下，投資以後大多可以順利地找到下一輪的資金；可是現在一旦投資這類型的案例以後，美國的創投業者卻不想投資；大陸的創投或許聲音很響但眞正能拿出的錢實在不多，麻煩的事卻一點也少不了；所以下一輪的投資者勢必得由臺灣的創投同業來尋找；不然就是要自己扛下去了，但是値不値得扛？能不能扛得動？光靠自己能夠扛多久？種種顧慮都促使許多創投的想法與做法與過去完全不同。

在現在看來，「整個創業過程總體加起來到底需要多少資金？」就成了最重要的關鍵因素！需要的資金如果太大的話，哪家創投扛得動呢？所以創投業者難免愈來愈「機車」，瞻前顧後，GGYY地不敢輕易投資。

既然連手裡錢多多的創投都喊自己可憐，那上門找錢的創業者還會有好日子過嗎？當然更是「悲慘歲月」囉！

充滿變數又形同終身監禁的MPEG 4

思考至此，傑夫想起昨天又讀了一次弗瑞登的創業計劃書……，唉，想來就讓人頭疼得很。

弗瑞登的胃口不小，雖然有MPEG 4的技術，可是卻想要發展全系列、全方位的技術與產品，營業計劃裡面所列出來的基礎技術牽涉範圍深，相關領域知識（domain knowledge）和平臺系統（platform system）相關的需求也廣泛得很。對弗瑞登而言，自己有的是技術，既然要創業，選的又是個大題目，當然需要全面性地投入與掌握才行。

可是對傑夫而言，顧慮就多了。首先就是產品開發出來以後，因爲MPEG是外國人發展出來的一個有關影像處理的基礎技術，屆時必然有很多「大傢伙」會上門來要技術授權費呢！一旦雙方見解與認知不同，就可能發生法律糾紛，而法律糾紛就是資源的競爭，這一來不只公司經營開發需要資金，連打官司都需要大筆資金，那錢的需求就更大了。

其次要擔心的還包括技術本身能力如何？因爲這個創業題目所牽涉的技術比較廣，創業團隊本身技術的涵蓋面以及深度能不能應付得來？

第三個顧慮就是應用的部分了。應用面所需要的平臺、關鍵領域知識以及應用環境（application environment）創業團隊自己不可能全包，每個項目都需要與別人在硬體、軟體和韌體（firmware）上合作進行整合才行，然而現在國內資訊業者每家都有自己的團隊，都想要自己開發獨特的MPEG 4技術與應用，哪有人願意與外人合作呢？

最後就是測試環境，這更是一個大的挑戰！因為語音與視訊相關產品牽涉到傳輸的速度，以及傳輸雙方通信協定（protocol）和速度、運算等，目前全世界算來有能力進行周全環境測試的廠商也沒有幾家吧？產品做出來後連怎麼測試都不清楚，想想就讓人害怕。

想到這裡，傑夫輕輕搖搖頭。嚴格來說，雖然他對弗瑞登的創業計劃很感興趣，但是有沒有興趣與投不投資之間還是兩回事！這個案例實在是充滿太多的不確定性，尤其是資源需求太大的問題，著實讓傑夫困擾不已。根據以前的經驗，他知道這樣的創業者最難的倒不是在技術上「已經懂了」多少，關鍵是**創業者到底「不懂的部分」還有多少**？還要做多久？更關鍵的問題是「創業者不知道他還不知道什麼」，因為他不知道自己不知道什麼而引起的過度自信。

這麼多問題如果不加以釐清，一旦投資進去，可就是長期抗戰了，沒個十年恐怕做不出所以然來吧？！想到這裡，傑夫突然感覺做這個題目的創業者似乎與終身監禁有很多相似之處。想到這，傑夫再度搖搖頭，心裡升起許多不安的感覺，一方面創業者需要長期抗戰，再方面投資者也要考慮自己能不能扛得起以後上億的資金需求？如果扛不起，**豈不是連投資者自己都被禁錮住，蹲起長期監牢了**？

想著想著就令人心裡七上八下地擔心不已；如果連這麼好的題目都會讓人害怕，創業還能搞嗎？！過去兩年創投界與創業家碰到最大的難題就是「再也找不到好的創業題目」。

創投守則：先把自己賣出去

弗瑞登準時到來，他不知道傑夫已經好整以暇在餐廳裡思考過許多問題了。

兩人見面，幾句寒暄之後，弗瑞登態度拘謹地對傑夫說：「聽說傑夫你對育成新公司很有經驗，我經由朋友介紹特地來請教你，希望你能指導我接下來該怎麼做。」開場白倒是四平八穩，客氣得很。

傑夫聽了笑了笑，也以客氣的口吻告訴弗瑞登：「我們對所有新案子都是充滿興趣的；其實有沒有人介紹對我們來說都是一樣的！能見面就是緣分，別客氣！」

「你寫的書不是說過VC這個行業是個「exclusive club」（排他性很高的俱樂部）嗎？所以我認為創業者好像都必須靠關係才能進門似的。」弗瑞登半開玩笑地問傑夫。

「我就知道寫書會給自己增添許多麻煩，讓你有以子之矛攻子之盾的機會……」傑夫笑著說。「言歸正傳吧，對達利而言，所有新案子都是一個新生意、新機會的到來；投資是我們的工作，所以對新機會當然是多多益善的囉！況且很多創業者可能是第一次創業，沒有什麼投資的人脈；而在我們看來，這些人既然敢毛遂自薦、自己上門總是勇氣可佳，光是鼓勵這樣的勇氣，我們就很願意、也很高興和創業者談談。投資成不成是另一回事，至少我們願意提供一些經驗與想法，能給創業者一些幫忙也算不錯，見面就是緣分嘛！是吧？」果然是創投的老鳥，說來語氣誠懇，一下子就讓弗瑞登感到很窩心。

在《達利教戰守則》裡面，針對第一次與創業者見面的原則就明白地指出：

第一，在第一次見面就要讓創業者感到自在。

第二，要在最短時間裡讓創業者感覺你可以信得過，你與他是「自己人」。

第三，先要把你自己「賣」出去，讓對方相信你、信任你；不然所有的談話內容都會罩著一層密不透風的面罩，即使談下去也沒有什麼實際效果。等對方相信你以後，你才可能問到眞相。

第四，等了解全盤眞相以後，再決定要不要投資。

傑夫如此和顏悅色的一番話，就是想要紓解弗瑞登忐忑不安的情緒，因爲一般需要資金挹注的創業者第一次見到投資者的時候都很緊張，傑夫看得出來弗瑞登也不例外。這個開場白效果果然不錯，只見弗瑞登調整一下坐姿，喝口飲料，鬆鬆領帶，態度輕鬆了許多；這些都看在傑夫眼裡。傑夫開始以非常輕鬆的語氣問：「你有沒有跟其他投資者談過呀？」

對創業者而言，這個問題最不敏感，也最容易回答；可是對達利而言，這個問題最重要，因爲不但可以有個很自然的開始，同時還可以判斷出到底有多少同業對這個案例感興趣？有多少潛在的競爭者？

「呃……上次回臺灣曾經和一些投資者聊過，不過談的都不深入就是了。」弗瑞登回答。

「哦？」傑夫點點頭，「這樣好了，我用發問的方式來談吧！你的 business plan（營業計劃書）我已經看過兩次了，計劃裡所談的大部分是MPEG 4在視訊傳遞上的應用，但我對這部分的應用市場不是很瞭解；在你所接觸的那些創投裡面，有沒有哪家是這方面的專家或是你覺得是比較懂的？有沒有美國的創投是我們可以就近請教的？」其實傑夫想驗證的是美國的創投是不是眞的對IC相關的題目都失去興趣了？

弗瑞登抓了抓頭髮，有些納悶地回答：「大家似乎都很有興趣呀！可是如果要問他們懂不懂我們的想法……唔，我想都聽得懂吧？至於美國創投嘛，我們還在約……」

傑夫一聽就知道答案了，看來還沒有哪家創投對弗瑞登的計劃特別感興趣；這樣看來，這個案例在時間上並不急。事實上當創投的人最想知道的第一件事情就是有沒有競爭者？有沒有時間的壓力？

傑夫因而繼續追問：「他們都看得懂？說實話我是看不太懂就是；對我看不懂的項目，我實在是不太敢投資的。」這是傑夫慣用的「以退爲進」的說法。

《達利敎戰守則》裡面分析過創投從業人員的一些壞習慣，其中有幾項頗富趣味，値得提供讀者參考：

一、絕大多數的創投ＡＯ都怕自己聽不懂創業者的想法，所以有人只好裝懂。

二、其實最好的方式就是坦白地說自己看不懂、聽不懂；然後創業者就得解釋給你聽。如果他的解釋沒有辦法讓你聽懂，那就表示這個案例不能投資；因爲即使你投資了，你也沒有辦法讓下一輪的投資者聽得懂。

三、即使你本來就聽得懂，還是可以說你不懂；然後看創業者說的對不對，再適時地糾正他的錯誤，這樣效果更好。

四、反正你一開始說不懂，以後什麼問題都可以問了，「一皮天下無難事」，對吧？

傑夫經常說他不懂，反正創業者需要投資者的錢，所以總會花時間耐心地解釋清楚，這多省事啊！知道箇中道理的人都說傑夫這是懶人招，以退爲進，怪不得他當創投也當得比別人輕鬆自在多了！

弗瑞登聽到傑夫這樣說，當然不敢也不會貿然地說：「那達利聽得懂什麼呢？」只好換個方式來問：「那達利對什麼項目比較感興趣呢？」

聽到這樣的說法，傑夫心照不宣地笑著回答：「當然是賺錢的項目才感興趣囉！」嘿，創投人就是這副德性，有回答跟沒回答一樣！

大題目何去何從？

看看弗瑞登是個老實人，呆坐在椅子上不知道怎麼接口才好，傑夫不想繼續跟他耍嘴皮，決定開門見山來談：「這樣吧，基本上我想知道的只有兩個問題：

第一，你需要多少資源？你的公司需要多久時間才能熬到損益兩平（break even）？你的公司在損益兩平之前，也就是公司開始賺錢之前，到底需要多少錢？

第二，你認爲前後需要多久的時間才能知道這個行業到底有沒有搞頭？」

這些話題就比較實際，所以弗瑞登顯然沒有剛才那麼緊張了，他低下頭認眞計算起來……「開發大概需要兩年半的時間，資金的部分嘛，人員包括開光罩以及試產的部分，算一算大概也要七百萬美金……」

傑夫一聽嚇了一跳！果然又是個大傢伙，出手就需要臺幣兩億五千萬！

弗瑞登看到傑夫的臉色有些凝重，趕忙爲傑夫解釋花錢的細節。不一會兒，傑夫已經大致了解這個案例的狀況，他點點頭，是贊成需要這麼多錢呢？還是聽淸楚了弗瑞登的說明？弗瑞登也不好多問，繼續看著傑夫。

「再回到我一開始的問題，你跟哪些投資者談過呢？」傑夫繼續問。

弗瑞登想了想：「在臺灣見過一些投資者……」

「我問的是有關企業型態的投資者（corporate VC），或是可以給你們實質幫助的投資者，不是只有錢的一般投資者……」傑夫打岔，「因爲你做的與許多應用相關，我記得在臺灣已經有幾家公司開發相關的東西，譬如說TL應該也是以這類產品爲主線吧？另外還有一家美國公司VK。你和這些公司談過嗎？」

「有啊，我跟這兩家都談過了。」

「哦？」這倒引起傑夫的高度興趣了，「他們怎麼回答你？」

弗瑞登遲疑了好久，不知道怎麼說才好。

大約等了一分鐘吧，傑夫自動打破僵局，故作神祕地笑著小聲問道：「他們是不是希望你爲他們開發特殊產品，或者開發他們下一代的產品和技術供他們獨家使用？」

弗瑞登很驚訝地看著傑夫，同時也知道怎麼接口了……「對，當我們第一次見面的時候，對方就提出這個要求，希望我們專門爲他們開發某項技術，或是把我們的技術用在他們下一代的產品上。」回答完傑夫的問題，弗瑞登還是一副「你怎麼會知道？」的詫異神情。

傑夫微微笑了笑，也好奇地問弗瑞登：「你的意思如何呢？」

「我們當然是「open minded」（保留各種可能性）囉！既然我們剛開始創業，對所有機會都是open的！」這樣的回答中規中矩，兩邊都不得罪。

不過弗瑞登雖然在說到open時特別加強了語氣，在傑夫聽來還有不一樣的解釋，到底弗瑞登所謂的open是在被動、不得不的情形下才會考慮呢？還是會積極主動地掌握這個合作機會？噯，傑夫在創投界又不是「新手上路」，哪是隨便一句回答就輕鬆打發的！果然他追根究底地繼續追問：「我的意思不是問你open或不open的，而是問你對TL提出的建議到底是喜歡或不喜歡？是希望主動爭取呢？還是比較被動或甚至有些孤不二衷（閩南語，不得不的意思）才考慮？」

弗瑞登有些不安，看著傑夫欲言又止，不曉得該怎麼回答這個問題。

傑夫了然一笑，「看來你是不太願意接受他們的提議了……爲什麼呢？」

眼看瞞不過傑夫，弗瑞登只好暢談自己的想法了：

「我的想法是這樣，

第一，TL希望我們幫他開發專門的產品，以他所提的條件來看，我們的市場就必須完全依賴他們了；倘若TL的產品賣得不好，對我們豈不是綁手綁腳，沒有自由了？

第二，TL等公司都希望在我們的公司投資相當的比例，一旦他們的投資股份佔了太大的比率，我更擔心日後經營團隊會喪失了freedom！」

弗瑞登說到freedom時特別加重了語氣，表達了他對這問題的重視。

空中樓閣的 freedom

「哦？freedom？你怕成了禁臠？可是他們會給你創業所需的資金耶，你不是在找錢嗎？而且你需要好幾億，沒有長期的承諾人家會給你錢嗎？」傑夫丟出幾個問題後突然張大了眼、非常感興趣地問：「這樣說吧，在你心中，什麼是 freedom，能不能告訴我你的想法，它比錢還重要嗎？」傑夫接收到弗瑞登的訊息，不禁學著後者的口氣，一連重複了兩次 freedom。

「雖然他們會給我們預算的錢，可是錢也會帶來一些限制，而我**創業的目的就是爲了得到 freedom 嘛……**」一談到 freedom 便得扯上創業目的了，弗瑞登於是開始高談闊論，神態逐漸恢復正常，方才的緊張和焦慮慢慢拋到九霄雲外。他詳細地解釋了創業的目的，從過去的就業經驗一路談到現在跟幾個朋友合夥創業的情形，再不厭其煩地轉述幾個合夥人的想法，說著說著，幾乎把整個創業計劃講完了。

「弗瑞登，」傑夫適時打斷弗瑞登的意興，「我不是問你創業的企圖心或樂趣！這樣說吧，幫TL開發他們需要的產品和技術，藉此累積你們的設計經驗……對這個提議，你們幾個 co-founders（共同創業者）願不願意接受？」

弗瑞登一聽，端起臉色，嚴肅地回答：「我們希望保有自主、自由權。」

這就是表示拒絕囉？兜了一圈，又回到 freedom，傑夫乾脆直接問：「什麼是自由、自主權？講了半天，你所謂的 freedom 到底是什麼意思呢？」

「所謂的 freedom，就是能夠依照我們的想法和市場的需要，開發我們認為需要開發的技術；在產品發展上，能夠開發我們認為最具有市場潛力的產品；在合作對象上，能夠尋找對我們最有幫助的合作對象，而不侷限於TL一家公司，因為TL的產品、市場、通路，甚至品牌並不夠周延，加上他們希望成為我們公司的大股東，倘若與這樣的廠商合作，對我們的限制會太大，會讓我們失去我們所希望保有的自主權！」弗瑞登一連說出幾個期許，強調他想要的自主權範圍。

「據你所說，你創業所希望保有的 freedom 是包括產品開發、技術方向、客戶的選擇，以及股權上的 freedom 囉，是不是這個意思？」傑夫問。

弗瑞登點點頭，「對啊！」心底不禁佩服起傑夫「聽話」的功力，一聽完話立即可以歸納、整理成一個句子。

談論至此，傑夫藉故上了洗手間，以緩和氣氛。等傑夫回來，話鋒一轉，直接問弗瑞登說：「但依你現在的計劃，你就可以保有你想要的『眞正的自主權』嗎？」

弗瑞登楞楞地回瞪著傑夫，顯然不太懂傑夫的意思；什麼是「眞正的自主權」？

傑夫自動地加以解釋：「你也知道現在的MPEG 4還未出現眞正的殺手級應用，雖然到處用得到，可是產品方向卻沒有個主流，我看誰也搞不清楚這種技術的應用會走到什麼方向去吧！我請教你，**如果你自己自由、自主的主導產品開發的話，你會往哪邊走？**」

這可是個難回答的問題！弗瑞登沉思片刻，不知道從何說起。

不等弗瑞登回答，傑夫又繼續問：「如果你自己也不清楚產品方向所在的話，你所謂的『自主權』和『沒-有-目-標』是不是一樣的呢？

如果讓你自己開發自己的產品、決定技術方向，你會怎麼走？我猜你沒有其他路走，還是會走到所謂的 general purpose 的ＩＰ（綜合方向的模組）吧？想想看，你需要把以後所有的應用都加進去的話，豈不複雜了？你要考慮多少才夠？你要考慮到 power consumption（耗電量）不能太高才能用在手機上；要考慮透過網際網路（internet）傳輸聲音與影像所壓縮以後的訊號 package（封包）的體積（size）要小；還要考慮到運算要夠快才行；倘若用在 Hand Held Device（掌上型設備）的話還要顧慮掌上型的ＣＰＵ運算能力以及資料進出的快慢；你要考慮到運算處理到底是要用軟體ＤＳＰ（digital signal processing，數位訊號處理方式）比較有彈性呢？還是要以硬體晶片線路（silicon circuit）來處理比較快速些？

總之，你必須考慮很多事情！這些考慮表面看來似乎有很多 freedom 可以選擇；可是在我看來，這些 freedom 其實都會變成了限制條件！因爲你設計出來的東西雖然到處都用得上，可是卻都用得不好……這時候，你確定擁有你所謂的『自主權』嗎？還是會爲了討好所有的客戶而做出一個『四不像』的產品？」

好一個「辯論大賽」！

聽完傑夫洋洋灑灑一連串的問題，這下弗瑞登更是啞口無言了，因爲從來沒有人問過類似的問題，他不禁想：這個達利是怎麼樣的創投呢？怎麼跟別家不同？問的這些問題看似簡單卻讓人不知道怎麼回答才好。傑夫到底是做創投的，應該是要尋找投資機會才對，但爲什麼他好像是在勸阻創業，消滅投資機會呢？

然而傑夫的話還沒說完呢！他完全收起了笑容，語氣也轉爲嚴肅，繼續說個不停：「再從另一個角度來看吧，所謂『股權自主權』或『資金的自主權』又是什麼意思呢？指的是你希望保有自主權好找到最好的募款條件？希望股東結構裡面沒有一個是主導的投資者，好讓經營團隊擁有絕對的自主權？可是你知道募款自主權可能帶來的是『夢魘』而不是好處嗎？」

這又是怎麼說呢？弗瑞登依然只能傻傻地看著傑夫，滿臉疑問。

傑夫看看他，耐心地解釋道：「這跟現在整個投資環境的改變有關，我爲你解釋一下。過去的創業環境，只要公司的產品開發進度到達一個里程碑以後就可以找到下一輪的資金；可是現在不一樣了，現在大部分的創業者都必須開始賺錢以後才能吸引投資者的興趣。依照你剛才所描述的，貴公司要在前兩年半至三年之間才能夠損益兩平，這期間就像準備起飛的飛機，正在跑道上加速衝刺，可是油箱裡卻沒有足夠的油，隨時都得補充油料，就像你隨時必須對外募款一樣。你想想看，對於一個創業者來說，公司一邊如飛機起飛全速前進，努力開發產品，一邊卻又必須花許多時間不停地與投資者打交道找錢……找錢這件事情在貴公司眞正賺錢以前幾乎是endless（沒完沒了）的！你需要的錢出手就是兩億五千萬，以後還不知道要多少錢才夠，我請問你，你每天找錢都不一定找得到了，哪還有什麼『自主權』呢？我看倒像是整天忙著找錢的『終身監』呢？」

傑夫這一番話，根本出乎弗瑞登的意料，令他滿臉錯愕，不知道該說些什麼。

傑夫停頓了片刻，讓弗瑞登慢慢地消化剛剛所說的道理；一會兒後又以做結論的語氣說道：「從局外人來看，你現在這種方式表面上是擁有『自主權』；事實上這種自主權不但虛有其表，而且你根本不可能達到你所追求的目標。因爲你找不到客戶幫你測試，所以你的產品不會reliable（穩定度信得過）；你的產品開發找不到確定的方向，沒有自主權可談；在資金方面，你永遠都沒有足夠的資金可以用。在我看來，這一來你更沒有『自主權』了，不管是產品開發或是資金需求，你完全被綁住了，哪有自由可言？不讓你自己的生活每天都陷於水深火熱擔心受怕之中已經是萬幸了！如果這是你創業的目的所在，恐怕要再多加考慮了！」

弗瑞登紛亂地咀嚼著傑夫的話，想來似乎有點道理，可是又感覺哪裡不太對勁，一時間也不曉得如何反駁才好；怎麼傑夫所說的與當初他創業所想的都不一樣？到底誰對誰錯？

想了半天，弗瑞登有些遲疑地徵詢傑夫的意見：「照你這樣說，產品開發不自由，資金需要更是永無止境，我當初創業想得到自由的想法，難道眞的是緣木求魚嗎？」

傑夫看著弗瑞登，沒有回答。

小題目也沒前途？

弗瑞登有些鬱悶，也沉默了一陣子，臉上卻有一股不以爲然的表情慢慢成形；不久，他揚揚眉毛，對傑夫說：「慢著，你剛剛的論點是因爲我需要的資金太大，MPEG相關的技術領域太深的關係吧？」

傑夫點點頭。

「那我換個題目，小題目，小搞搞總可以不必受這種長期的罪了吧？」弗瑞登挑釁的口氣溢於言表。

「小題目？例如什麼？」

「比如做些像過去的『大姆哥隨身碟』或是『MP3隨身聽』之類的需要資金就很小了，技術也沒有這麼深奧，不必仰人鼻息，也沒有測試的問題了吧！這樣一來你剛剛所說的什麼『創業終身錮』的論點是不是就不存在了？」

傑夫看弗瑞登一副不以爲然的樣子，心想：好吧，反正已經出門了，今天也沒什麼其他安排，乾脆來個辯論吧！傑夫的個性可是最喜歡與人爭辯，向來是來者不拒的。

「你說的似是而非！」傑夫先發制人，沒等對方開口，立即做個稍安勿躁的手勢，端起早就涼了的咖啡勉強喝了一口潤潤喉嚨後繼續開口：「你說的小搞搞自然在資金需求上會比較少，表面看起來牽涉到的技術層次也比較單純，似乎剛剛的問題都可以避免，不過深究的話還是有兩個最大的問題。第一，你很難找到投資者願意投資。其次是……」

話還沒說完，弗瑞登可是抓到傑夫的小辮子了，馬上打岔：「難道你認為『大姆哥隨身碟』或是『MP3隨身聽』都沒有錢賺嗎？這兩個可是當紅炸子雞的項目呢！我看要投資的人可多著呢！」

傑夫笑了笑，不疾不徐地回答：「當紅是沒有錯，可是在我看來還有好幾個關鍵點。第一，就這兩個產品而言，眞正賺錢的是關鍵零組件 flash memory（快閃記憶體）的製造廠商，不是做這些產品末端整合的人吧？做產品整合的人還要看人家給你多少記憶體你才能夠出貨呢，難道這就不需要仰人鼻息嗎？

第二，再說吧，當初誰知道這兩個題目會大賣呢？大家還不是事後諸葛居多？就拿你來說吧，你眞的知道下一個這種小而美的項目會是什麼嗎？誰也不知道！小公司能夠有多少資金可以『trial and error』（邊做邊找）呢？

第三，其實現在要做小搞搞的也不像過去單純做一個簡單的東西就好了；現在就算小搞搞的事業也很複雜的！也需要注重『資源整合』與『技術整合』兩大部分。在資源部分要有ＩＤ設計的能力（工業設計），要有很好的配合廠商，還要配合大公司的規格、外觀設計而隨時細部修改；在技術部分要能夠快速地整合不同的軟體、韌體以及硬體，功能上彼此間要能夠與不同規格互通共容（compatible），這些都不是容易的事。

第四，況且現在小搞搞的廠商不可能有錢做自己的品牌，對產品細部規格以及外觀設計等也不可能自己訂定；最終還是爲大廠做代工或是配合廠商爲主。

你認爲這樣做會有自由可言嗎？我看是更不自由了吧！我還沒有提到小搞搞的進入障礙比較低，一旦其他競爭者看到『好康』的一窩鋒搶進來，即使你有好景的話，又能撐多久？還不是得不斷地、重複地找新客戶、新配合的廠商和新資金？我看還是自由不起來的啦！」

弗瑞登愈聽愈不是滋味，過了好一陣子，有些沮喪的說：「照你這樣一說，**不管是大搞搞或是小搞搞都不會出頭天了嘛！甚至只要一創業就像孫悟空套上金箍咒，上身以後就永遠拿不下來了**。依你這樣說來，如果自由是不可期望的，那還有什麼好創業的呢？我就不相信現在都沒有人創業了嗎？」

傑夫苦笑一聲，「坦白告訴你吧，在我看來是不太樂觀的。以現在的環境來看，大題目有資金以及長期抗戰的顧慮，小題目也有小題目的問題，怎麼看也是長期被綁住，**這跟往常的遊戲規則完全不同**，連我們都已經有好一陣子找不到好案子投資了！現在要創業想搞出個名堂，沒個十年，我看也需要七、八年的時間才能看到個樣子；至於其他陷在泥沼裡而淹死或是「撲撲游」的公司還不知道有多少呢！依我看，現在要創業是愈來愈難囉！」

「總有辦法突破吧？」

「有是有；不過比較複雜，也不是完全有把握就是，假使你有興趣倒是可以試試看。以你的題目來說吧，創業初期最重要的是必須找到可以提供生意的夥伴來投資你們，出資還不能太少；然後你再邀請個能帶來特殊價值的人一起插個花，同時也有均衡的作用，而且這個特殊價值的投資者也可以三不五時地提供一些幫忙。如果你能找到這兩個投資者或許比較有機會吧，你自己考慮考慮。」

弗瑞登沉默了好一陣子，突然想通了，笑著大聲說：「嘿，搞半天你才是最厲害的sales（業務員）！你把達利的特殊價值都講清楚了，其實是在暗示你就是那個特殊價值的投資者嘛！這一來，你不必出太多的錢就可以讓我們緊抱你的大腿，怎樣也不敢輕視達利的特殊價值……，嘜嘜，你這招引君入甕還眞是高明呢！嘜，我上當了！」

傑夫聳聳肩不置可否，看看錶，時間不早了，笑著邊起身邊回答，「不急！你再想想！我們再談吧？！」說著說著就預備告辭了。

你敢賭長期，我就敢賭錢！

弗瑞登一看傑夫要走，馬上急著說：「我今天認命了！你說的有道理，創業不容易，我也不談創業的目的是要追求自由之類的話了，就接受你的說法……唉，看來創業就是個終身職，就是個不歸路吧！對了，今天講了老半天，你還沒有說要不要投資我們呢？」

傑夫皺起眉搖搖頭，「嘿，你還眞是沒吃到『白吃的午餐』不甘心耶！」說著說著又坐下來，「旣然你有興趣賭到底，我就一次講明白吧！你要讓我願意投資你，我的條件也很直接，你除了賭長期的承諾以外還不夠，你還得要付出相當的代價才行！」

「賭長期還加上代價？聽起來好嚴肅……」弗瑞登有些忐忑不安又有點好奇地問道：「你倒是說說看，我們要付什麼代價呢？」

「像你這樣的情形，除了長期賭下去以外，我們還有三種處理原則。關於『長期賭下去』剛剛已經解釋過了，現在就來說說『代價』這部分的原則吧！等到這些都說完了以後你自己斟酌考慮，以後再找時間來聊聊細節吧！

第一種狀況，是你自己『有錢』，對自己的技術也『有絕對的信心』。

在這種情況下，我剛剛說的就適用了，你們自己拿些錢和TL合資設立公司。你可以要求技術股高一點，然後依照你們的成果向TL收NRE（non recurring engineer charge，一次性技術委託收費）或是權利金，好好地幫TL開發好的產品，同時也累積自己的經驗。這時候只要條件適當，達利可以出一點點資金，當個『均衡角色』的投資者，但是你要給我們一些技術股以報酬我們均衡的角色。重點是你要賭時間，也要賭錢下去。

第二種狀況，是你們自己『沒錢』，可是對自己的技術『很有信心』。這就有三個條件：

第一，降低你們的薪水。第二，技術股比例不能太高；這兩項都要等到公司眞正賺錢以後才能由分紅、紅利等補回來。第三，你還要給我們比較多的技術股以交換我們給你的幫忙——包括均衡的價値以及介紹你一些生意和合作對象等。這你就拿時間以及降低薪水的方式來賭吧！

第三種情況，假設你自己『沒錢』又『沒信心』，連你也不曉得自己未來的走向，那我勸你把我們當作創業者的一分子，我們共同努力把公司經營好，你也必須把所有的技術股以及紅利與我們共同分享，這才叫做『有捨有得』、『共榮共利』。在這種情形下，你能賭的只有時間，連錢都沒有；我小人講在前面，到時候我們會不會投資可不一定。」

聽完傑夫的說法弗瑞登恍然大悟……「怪不得人家都說達利是不佔便宜不投資啊！」

傑夫聽得出弗瑞登的語氣裡有一點點諷刺的味道，不動聲色地反駁：「這你又錯了！你只聽到話的上半段！事實上達利的作風一向是『先給別人便宜，才佔便宜』。你想想看，我不給你便宜的話，光佔你便宜不是『win-lose』嗎？你的餅那麼小一塊，即使便宜都被我佔光了，我又能得到了什麼好處？如果公司沒有經營成功的話，再多的技術股不也是白搭嗎？所以說達利要佔你便宜以前，必須要幫你把餅做大才行；一旦公司成功了，餅做大了，是你先佔到便宜耶，我們只不過是分我們該有的一小杯羹罷了！所以我把這稱爲『不捨，不得』、『有捨，有得』！」

說罷，傑夫氣定神閒喝起飲料。經過這一解釋之後，表面上是佔便宜，可是實際上是逼大家一起賭下去，而且是賭長時間的，有錢出錢，有力出力；仔細一想，其實也有道理，弗瑞登的臉容因而慢慢地發亮，眼前彷彿有一塊大餅，讓他大方地想：是啊，餅做大以後，哪在乎達利分一杯羹啊！

「嗯，剛剛你說，如果我們幾個創業者沒錢又沒信心的話，只要我們和你一起分享技術股，把你當成 co-founder，你就會投資我們了？」弗瑞登回神，趕緊追問。

「這樣說吧，我們爲這創了一個新名詞——「semi-cofounder」（擬似創業者，或是泛創業者），因爲我們的角色就是 semi-cofounder。對你來說，我們扮演均衡的角色，如果需要我們出面跟TL談合作，我們也願意幫忙，至少在很多條件上，TL看在達利的份上，也不敢因爲自己是大股東就予取予求。甚至我們可以明白告訴TL，現階段他們扮演了重要的角色；等到日後要開拓與手機相關的市場，達利就扮演比較重要的角色了，而且他現在的投資以後一樣可以放大而獲利。如此，大家扮演不同的角色，今天TL提供他的價值；一段時間之後，換達利提供幫助。彼此將貢獻分階段執行，這樣對投資者和創業者都是最好的。

再回到你剛剛所講的自由，依我來看，這個自由度必須建築在『借力使力』的條件上。如果你希望用自己的能力走出一條康莊大道，我認爲根本是緣木求魚，因爲你缺少資源，而這年頭創業就是需要資源。」傑夫語重心長地建議。

輪流借力使力？倒是不錯的建議！弗瑞登努力消化箇中的道理。

「其次，至於你創業的目的，如果你要得到眞正的自由就必須看得開，要能夠『捨得』！在創業的領域，自由是要付出代價的！從自由的另一個角度來看，因爲你自由，所以沒有人願意提供你任何幫忙，因爲你自由，所以別人也沒有義務幫助你，反而會讓你處處受限。

商業上，尤其是創業者，所謂的自由，都是有捨才有得的！你給別人應該有的技術股、價值或產品和市場上的優勢，這時候人家才願意幫助你，你也才能擁有自由；這和個人心靈上的自由——可以不受任何拘束盡情尋求自己的人生意義——在我看來似乎是不同的。」

聽罷，弗瑞登低下頭，反覆思考，沒有再說什麼。

傑夫看著弗瑞登，心裡想的是這個人雖然現在嘴巴上說要賭長期的，到底是不是眞的認命，這可不是說說就行；還有其他創業夥伴也還要考慮呢！既然做的是大題目，其他投資者也不會馬上就決定，看來在時間上並不急，先讓他們自己想想，消化消化再談吧！想到這，傑夫站起來擺擺手先走人了。

弗瑞登趕忙站起來目送傑夫離開。之後他一個人呆坐在原地，心裡想的還是當初創業所想的目的以及其他許多的想法……怎麼今天和傑夫談過後，什麼都不太對了？這下子還要創業嗎？還是回去當個上班族繼續領薪水呢？眼前連他自己都有些迷惑了……

4

技術人才篇

IC 玩完了？連大熱門的 SOC 都是死巷！

過去強調 SOC 的前輩們真正成功的似乎絕無僅有；

對 IC 設計公司、系統公司以及投資公司而言，

SOC 到底是什麼？SOC 究竟是個迷思？

還是一個真實可行的夢想？

【迷思點】

ＩＣ設計產業的人，競爭太多，題目太少，愈來愈難走出一條路。

ＩＣ公司不走ＳＯＣ（system on a chip，整合型系統晶片）這條路似乎總覺得前途茫茫，但是一旦進入ＳＯＣ這條路卻又發現如墜五里霧中，有些寸步難行……

過去強調ＳＯＣ的前輩們眞正成功的似乎沒有幾家；對ＩＣ設計公司、系統公司以及投資公司而言，ＳＯＣ到底是什麼？ＳＯＣ究竟是個迷思？還是一個眞實可行的夢想？

在達利的戰情板上，ＳＯＣ這個投資目標向來是高掛第一名，連達利的筆記本都以ＳＯＣ爲標誌；然而到現在爲止，達利眞正投資在ＳＯＣ的案例少得可憐！對達利而言，ＳＯＣ到底是個投資者必爭之地？還是虛幻不實際的迷思？

難道ＩＣ玩完了嗎？連傑夫與畢修自己都感覺有些迷思與迷失了。

【故事主角】

勒馬科技．李響總經理

午餐時間，畢修、傑夫與達利的同事正在大快朵頤吃著「外帶」的涼麵。這家賣涼麵的是個路邊攤，連個座位都沒有幾張，可是生意做了二十多年，涼麵的味道從沒變過，吃起來總是這麼好吃！所以傑夫經常買回來過癮，而且往往一吃就是兩盤，非弄得整個辦公室都是涼麵的大蒜味道不可。

「鈴——鈴——鈴——」幾個人正吃得津津有味時，畢修的手機突然響起。

「吃飯皇帝大」（閩南語）！吃飯被人打擾實在是最煞風景的事情，尤其是吃涼麵的時候更糟，因爲滿嘴都是醬料與麵條，這時候接電話實在是不方便。大家不約而同地皺皺眉頭。畢修根本不想接電話，存心讓電話多響了兩聲，看來電的人會不會自動放棄？嘿，果然停了！大家又不約而同地舒展眉頭，繼續吃麵。沒想到過了兩秒，電話又響起，看來打電話的人知道畢修有個故意不聽電話的壞習慣，所以也就接續地打，響四響就掛掉，然後再打，非打到畢修接電話不行……

畢修無奈地咬斷滋味鮮美的涼麵，不甘願地先接電話，「喂……」語氣有些不耐煩。

電話彼端立即傳來充滿抱歉的聲音：「畢修，對不起，打擾您吃飯了。」

對方特別用了「您」的稱謂，這是以禮相對呢；況且這聲音聽起來很熟悉，畢修只好眞的停下吃麵的動作，好好地應付這通電話了。說時遲那時快，畢修已經調整好說話的心情與語氣，以親切爽朗的聲音和對方寒喧起來。

ＩＣ公司的挑戰：找不到題目

對方響亮的聲音透過手機清楚地傳來：「畢修，你上次不是提到臺灣ＩＣ設計公司最大的挑戰就是不曉得 what to do（該做些什麼產品）嗎？也就是缺少 domain knowledge（應用領域知識）來設計晶片，還有不曉得如何正確製定 spec（規格）嗎……」

原來電話彼端是勒馬科技的李響總經理，他中英夾雜的說話內容連傑夫都隱約聽見了。對創投而言，每天接觸的人交談時幾乎都是中英夾雜，所以大家也都習慣這樣的交談方式；只不過坐在畢修旁邊的傑夫忍不住豎起耳朵聽著……

「沒錯，What to do 的確是臺灣ＩＣ設計公司的要害和挑戰……」畢修回答，話鋒一轉，突然問道：「難不成你找到什麼『葵花寶典或玉女心經』不成？」照李總經理帶著喜氣的語氣聽來，畢修這樣猜測也是想當然耳了。

果然，李響總經理充滿自信地回答：「現在我們有一個好機會了！我們不必自己去猜測做什麼規格了，有人自動送上門來找我們合作，而且他們有 domain knowledge，這樣不僅可以補強我們的弱點，而且聽對方說，這種合作方案因為是政府獎勵的項目，所以還可以向工業局申請補助，連開發經費都可以節省大半耶！」李總興奮的心情溢於言表。

「哦？有這麼『好康』的事，那很好呀！來，多講些內幕嘛！」畢修聽了雖然有些意外，但還是依照達利的習慣，以非常熱誠、眞摯的語氣表示驚喜，完全是一副支持的態度；對達利的人而言，這不叫做「虛僞」，而是工作上必要的「共鳴」！

原因很簡單，創投的工作就是「談話」，藉由不斷的談話才能從中找出對方眞正的想法；如果在還沒聽完對方的話就開始澆人冷水，誰喜歡繼續告訴你其他的想法呢？所以《達利教戰守則》裡面就明白地提醒同事：「即使你對創業者或是經營者的想法有不同的意見，也不能馬上講出來；要先聽完對方想要說的、所有可以說的話以後，再慢慢地選擇適當的場合和時機，委婉地說出自己的意見。先『共襄盛舉』給對方積極的鼓勵，這是最重要的要求；然後才是『時然後言』！」

畢修乾脆加了一句：「哎，電話裡講不清楚，要不要找時間我去看你，當面談談呢？」

「這樣更好！」李總經理接口，「但不麻煩你了，我馬上坐計程車去你哪裡。……傑夫在不在？方便的話也順便向他請教一些事情！」

「你先過來再說吧！」

李總匆忙掛了電話。之後，畢修看看傑夫，三言兩語將方才與李總經理的對話複述了一遍。

「哦？有這種事？」同樣的疑問出自傑夫的口。

「嘿！」畢修忍不住笑了兩聲，雖然只嗅到一點「好康」的香味，還是令人精神爲之一振，「既然李總提起你了，等會你是不是也一起來聽聽是什麼狀況呢？」

「他既然開口，我當然要到！何況這種好事，我怎麼可以錯過呢！」

IC公司的挑戰：共同開發IC？共榮共利還是吸星大法？

約莫三十分鐘後，勒馬科技李響總經理已經坐在達利的會議室，開始解釋來龍去脈。原來是國內一家非常大的IC設計公司T最近主動且積極地尋求與勒馬合作，提議共同開發一顆與手機電源管理相關的整合性IC；因爲整個系統很複雜，所以對方負責開發手機系統本身的IC線路，請勒馬開發電源整合IC部分，彼此配合共同合作。

「對方建議的合作模式是這樣的：雙方各派一組人一起設計，同時也希望邀請系統廠商派工程師共同參與，三方面一起來做這件事情。如果大家談得攏的話，再共同出面向經濟部申請補助……」

李總經理停了停，笑著看看傑夫和畢修後，繼續補充：「這案子很符合先進的技術，所以可以向政府申請補助；運氣好的話，聽說政府的補助還可以達到經費的一半左右呢！好康吧？」語氣得意得很。沒等到畢修與傑夫回答，李總又接著說：「你們想，勒馬是以電源設計（power design）爲主，對方T公司則是以系統晶片爲主，加上手機廠商的協助，大家共同開發這樣的晶片，豈不是符合達利所謂的『共榮共利』？這樣不是皆大歡喜嗎？何況還可以提昇我們的設計水平呢！」李總經理愈講愈興奮，期待的眼神在傑夫和畢修之間游移。

李總經理說的沒錯。手機所用到的各類電源非常多，不但有手機銀幕的電源管理晶片，充電、省電裝置晶片，再加上手機本身的CPU使用電源，以及其他整合性周邊，例如內建數位相機等這些對電源管理以及耗電部分的節省都很重要。

對勒馬科技而言，他們的專長就是在電源管理晶片部分，這部分的涵蓋領域非常廣泛。勒馬以及國內許多專門開發電源IC的公司在產品線上雖然有許多不同規格、不同型號、不同產品線的組合，但因爲電源設計的原理有很多類似的地方，所以只要設計原理相同，就可以依照不同需求設計不同的電源IC產品運用在不同的領域上；不過難處也就在這裡，雖然設計原理相似，但是各個應用領域還是有許多不同點，加上每個領域與應用之間並沒有絕對直接的相關性，以致於外人看來，每家公司所做的電源IC產品就像是「電源管理IC的雜貨店」一樣，既多且雜！

在業務上，這些電源設計公司當然可以做到「多而雜」，但也可以「專而精」；不過這就得看公司有沒有高水準的設計能力，以及公司整合經驗如何了。

再從未來的市場性來看，手機是臺灣最有競爭力的產品之一，未來爆發力不可限量；勒馬想要在這個領域有所著墨也是理所當然的。不過手機牽涉到的技術範圍實在太廣泛，而且面對的都是來自國際大廠的競爭，任何一家IC設計公司想要自己開發整合的晶片也是難以做到，所以T公司尋求勒馬的合作也是很合理的安排。

從表面上看來，李總經理所提的合作案似乎也沒有什麼可以挑剔的地方，加上人家興沖沖地趕來報告好消息，達利當然不能澆人冷水，況且勒馬已經設想到成功的必要條件了，也找到合作目標與對象。順著李總經理的邏輯來思考吧，T公司加上勒馬公司，再加上一家國內手機廠的共同合作，一旦整合性的電源開發成功，不但可以有效縮小手機的體積，更可以增加許多臺灣手機的競爭力；看起來，前景一片大好哪！

可是傑夫的個性就是喜歡雞蛋裡面挑骨頭，有時候骨頭挑完了，他還要挑刺；《達利教戰守則》裡面也清楚地寫著：「創業者與經營者在與別人討論合作模式的時候，每個人的思考點都是以雙方的長處互補為出發點，想的是『強與強』的結合，所以充滿著樂觀與積極，往往會一頭熱……，**可是創投的工作就像是律師一樣，我們卻是要思考那些『負面的影響與可能發生的潛在問題』**。會創業的人通常有一種比較樂觀的傾向，所以他們很容易就把兩隻眼睛盯到眼前那只肥雞看；我們的責任卻是要提醒他可能會蝕去的那把米。

換句話說，經營者看積極面、光明面；可是我們的工作卻是看黑暗面、潛在的『地雷區』，所以我們的價值就是幫他們找出可能的失敗因素，然後提醒他們，幫助他們避免犯錯，避免踏入雷區、踩到地雷。」

傑夫與畢修看看彼此，兩個人都知道這個合作案表面看來是 make perfect sense（合理得很），無懈可擊，加上又可能向政府申請補助，似乎相當具有說服力；不過實際上卻有不對勁的地方……讓人猶豫的是，現在該不該提出來呢？

傑夫向畢修使了個眼色，似乎是在告訴畢修：像勒馬這麼熟悉的朋友，似乎應該現在就告訴他一些我們的看法比較好吧？不過畢修還是猶豫著該不該現在就澆對方冷水？想著想著，不料那頭傑夫已經開口問李總經理了……

IC公司的挑戰：了解對方眞正的 hidden agenda 最難

「T公司難道不想自己開發電源相關的晶片嗎？過去這幾年來，以T公司的作風來看，對於很多產品的技術他們都希望自己掌握，我實在很難相信T公司會跟你合作這麼重要的開發案……」傑夫故意停頓，看看李總的反應。

畢修只好趕快接上一句話：「噯，對方會不會隱藏了什麼企圖呢？（hidden agenda）」

李總經理看了看傑夫又看看畢修，忍不住笑著消遣他們：「我說傑夫啊，你恐怕是在創投待久了，所以對每個人的人性直覺都是『性惡論』。你想想看，我們兩家公司，彼此而言，各有長處，也各有所長。T公司需要電源的解決方案（solution），所以對他們來說，找上勒馬勢在必然；他們想要自己開發電源IC談何容易呢？我們做電源管理晶片已經那麼久了，當中不也跌跌撞撞摔了幾次才發展到今天這程度，沒這麼容易的啦！何況T公司告訴我，他們的技術開發重點並不是在電源管理……」李總經理話說到這也打住了，居然學會創投話說一半的壞習慣了。

「哦？那他們重點在哪裡？」傑夫與畢修異口同聲地問。

李總經理得意地回答：「放心！我問過T公司這個問題的啦！他們志在手機核心晶片；電源管理IC只是他們的配角，又不是他們的長處所在，所以他們與其自己開發，不如找我們合作囉！」

李總經理非常得意，心想這次終於可以說服傑夫了吧！不過傑夫只讓李總得意兩秒鐘，馬上丟出難以回答的問題：「照你這麼說，那就很有趣了！既然是T公司來找你一起設計，說他們有求於你並不為過，那他們出不出錢呢？到時候設計出來的**晶片智慧財產權**又歸屬於誰呢？」

李總經理沒想到傑夫會問這兩個關鍵問題，一時之間楞了楞，不知該如何回答。

傑夫一點都不放鬆，繼續追問：「既然電源部分是你的專長，所以照理說這個整合性電源晶片設計出來以後應該是屬於你的囉？」

李總經理似乎欲言又止，最後臉色有些不安地回答：「是這樣的，對方提了幾個條件：

一、既然雙方都派了工程師一起工作，所以設計出來的晶片雙方共同擁有。

二、因為設計出來的晶片與T公司的手機系統晶片有整合的功能，所以共同設計出來的整合性電源晶片不能單獨外賣，必須跟T公司的系統晶片一起配合著賣。

三、另外，他們認爲我們可以收取以後整合電源晶片的權利金，所以也沒有出NRE（non recurring engineering）的錢。」說著說著，李總經理的語氣似乎愈形遲疑。

IC公司的挑戰：你感覺不到自己在「倒貼」嗎？

傑夫既然開始發問，當然不會就此打住，只見他繼續追問：「T公司爲什麼不出NRE的錢？你又爲什麼要給T專屬權呢（exclusive right）？如果T的手機系統IC賣得不好，你的整合電源IC不也跟著掛掉了嗎？那你豈不是陪-著-他-賠-錢-嗎？**是T有求於你噯，爲什麼你要倒貼呢？**」沒想到傑夫不問則已，一問問題像連珠炮一樣。

畢修也加入轟炸：「表面看來，你們是兩家合作，其實不盡然！你所開發出來的電源管理IC只能與T的系統晶片密切配合，一起搭配出售才行；既然這兩個晶片是 tightly coupled（緊密配合）在一起，你根本不可能外賣，所以這根本不是雙方合作，而是T委託你幫忙，是你在爲他打工耶，而且他還不用付錢！」

聽到這，李總經理板起面孔，不作聲色。

畢修和傑夫又互相看了一眼；過了好一會兒，傑夫嘆了口氣說：「如果是這樣的話，你更應該向T公司要NRE才對呀！而且還應該要很高的NRE才對！不然萬一你努力了許久，到最後卻不能賣……」

李總一聽也急了：「不然！其實不應該要T公司出錢的，因爲兩邊都有貢獻，兩邊也都有需求。坦白說吧，我也需要T公司告訴我整個手機IC設計的原理，我也需要對方的 domain knowledge，不然我永遠不可能進入手機電源管理的領域啊！」

「雖然雙方各有所需，但是你想想看，**相對而言**，現在是你有求於他？還是他有求於你？T公司開發手機晶片已經這麼久的時間了，所花的錢總有好幾億吧？如果沒有做成電源整合IC，T公司整個手機晶片勢必沒有什麼競爭力，誰會用他們的晶片呢？所以是他有求於你耶！反過來說吧，就算你沒有進行這個案子的話對你們公司的發展也不會有什麼影響，何況要做這個整合型電源管理IC的話，你一定要調動公司內高手來做才行，會不會因此損失其他產品線的競爭力呢？總之，仔細算一算，到底誰該付錢？當然是有求於人的人付錢嘛！」傑夫對李總經理「熱臉貼冷屁股」的想法表現出一副不以爲然的表情。

畢修也在一旁敲起邊鼓：「對方財大而氣粗，而且股價也高，如果合作過程或做到差不多的程度後，他把你一組人以高薪加股票挖了過去，你又該怎麼辦呢？我們在前幾本書上都提過這種可能性與顧慮的……」

「這個……」李總經理愈聽愈害怕，低頭沉思了許久……，當他再度抬起頭看著傑夫與畢修時，又信心滿滿的：「應該不會吧！照傑夫《微笑禿鷹》書上所寫的，兩邊立個合約，聲明所有人不得挖角，挖角可是要賠錢的，這樣總行得通了吧？！」

傑夫忍不住哈哈笑了兩聲，點點頭稱許：「你們這些創業者現在學得愈來愈厲害了！怪不得上次有個創投的朋友向我們抱怨，說現在創業者已經被達利的這幾本書訓練得『精得像個鬼』，搞得創投愈來愈難混！言歸正傳，挖角問題或許可以解決，但是我還是不能理解對方爲什麼不出錢？爲什麼你不跟對方要錢呢？」

IC公司的挑戰：高階人員出面代表什麼意義？

爲了緩和氣氛，傑夫慢慢地解釋：「李總，依我看，不出錢反而代表對方不夠慎重哪！照你所說，你的電源IC需要配合手機晶片；相對的，他的手機晶片也需要配合電源囉，兩者那麼親密地配合在一塊才有商機。就像我們剛剛說的，既然T公司已經花了大筆鈔票開發手機系統晶片，現在差你這顆晶片，爲什麼他不出錢支援這個合作案？我實在是想不通，他爲什麼不-出-錢？」傑夫逐字地問，雖然是慢慢說，可是語氣聽起來反而愈形嚴肅。

「傑夫，T公司是很重視的啦！都怪我沒說清楚！對方本來是部門的產品經理（product manager）跟我談，現在都是他們的總經理出面來跟我談這件事耶！你想想看，對方這麼大的公司，總經理又親自出面，不就表示他們的慎重性了嗎？」李總經理反駁外帶解釋。

「顯然我們兩個對『重要』的判斷性不一樣。在我看，總經理出面並不值錢，就是因爲他們想要『吃你豆腐』、『佔你便宜』，所以才找總經理出面。在我看來，要眞正拿錢出來才算數！」傑夫以堅決的語氣說。

畢修看看李總有些氣餒，趕緊出面緩頰：「在我們看來，T公司的總經理出面搞不好只是個 sales talk 的 skill 而已。就像傑夫所說的，如果這個合作案對他們來說眞的那麼重要的話，你應該可以很順利地叫他們拿錢出來，至少要補足你調動人員的損失吧？萬一以後他的手機晶片賣得不好，你這些開發成本找誰要呢？所以你也應該把開發這顆電源晶片的成本先拿到手再說！在商業世界裡面，**錢就是最好的指標，肯付錢就代表眞正重視**；不然我們看起來，實在像是你花錢陪他們玩耍欸？」

「你言重了吧？怎麼是我花錢陪他們玩耍呢？」李總經理還是不以爲然。

傑夫接手，語重心長地說道：「你看吧，在技術上，這種合作需要的是兩邊的晶片密切配合，所以在設計末期，雙方之間必然得密切討論，必然得做很多的修正來彼此配合才行。你是行家了，知道這些修正與配合必然會花費很多的時間和精力；再說手機晶片一定是非常複雜，所費的時間必然會拖得很長。從這個角度來看，等於是用你的錢陪對方玩耍，財大氣粗的他怎麼拖怎麼玩都沒關係；但你有那麼多錢可以花費在這上面嗎？你仔細想想，爲什麼要用你辛辛苦苦賺來的錢陪他玩耍呢？」

李總經理頓時沉默了；看在傑夫和畢修眼裡，兩人也不做聲色。

「總經理，我想我們今天談到這裡就好，我們大概了解狀況了，不妨讓我們去詢問一些人，幫你打聽一下，我們隔幾天再談吧？」畢修打破沉默說。

「唔……」李總經理還想說些什麼，不過看樣子繼續談也談不出所以然，「也好！」答應一聲，也就起身告辭了；看得出來，李總經理離開達利的時候並沒有來時那般興緻高昂了。

傑夫和畢修送走李總經理後，兩人也顯得有些心事。

「畢修，你認爲這裡面眞正的問題出在哪裡？我們該由哪裡著手研究比較好呢？我想去請教蒐集一些別人的看法；可是這個案子似乎也不適合拿去告訴外人，你看從哪裡著手比較好？」傑夫若有所思地請教畢修。

「唔……」畢修沉吟了好一會，「我看先由SOC開始著手吧？現在IC產業界裡面大家都碰到一些瓶頸，連初創公司也很難找到題目做，只有SOC勉強算是現在產業界最熱門的話題了，似乎到處都聽到人家在談SOC的題目；可是SOC有那麼容易嗎？據我們所知，到目前爲止似乎還不見一個眞正SOC成功的案例呢！我們是不是先從這方面著手？這樣也省得告訴人家太多這個合作案的細節。」

「我想這件事情倒是個很好的切入點……對SOC而言，大家做不到的原因是因爲技術上做不到呢？還是配合上的問題？會不會是沒找對合作夥伴？如果像勒馬這樣三個合作夥伴都找對了，是不是就做得出來呢？」傑夫看著畢修說，卻像是喃喃自語。

兩人交頭接耳討論了片刻，很快地達成了共識，兩人都認爲ＳＯＣ值得深入探討，至少藉這個機會把ＳＯＣ的趨勢以及來龍去脈弄清楚，免得人云亦云。如果ＳＯＣ可做的話，達利可以鼓勵更多人投入相關的、類似的整合案，甚至可以舉辦 Forum 集合相關的公司一起合作；如果不可行的話，趕快阻止李總經理還來得及。

ＩＣ公司的挑戰：「系統ＳＯＣ」的大迷思

劍及履及，傑夫和畢修找上國內對ＳＯＣ有整體概念的專家——國內某家機構負責人Ｈ博士，兩人連袂登門請益。

見面後，傑夫直截了當地提出問題：「請教Ｈ博士，國內對ＳＯＣ是不是宣傳過度？到底ＳＯＣ是不是個大迷思呢？」

Ｈ博士乍聽到這個唐突的問法難免有些錯愕，遲疑著該怎麼回答。

傑夫趕緊加以說明：「Ｈ博士，因爲這個題目實在是影響重大，對我們未來投資方向以及經營都有許多影響；我們也算熟識的朋友，加上您是國內外公認ＩＣ領域的大師級人物，所以請務必據實以告，非常感謝！」

Ｈ博士點點頭，反問傑夫爲什麼會問這個問題。

傑夫繼續解釋：「問題是這樣的，我們在ＩＣ領域投資已經有一段時間了，聽到許多人提到ＳＯＣ是未來的主流，有人認爲ＳＯＣ是未來必經之路；可是又有人認爲ＳＯＣ牽涉到的技術領域太多太廣，不應該過度強調；甚至有人認爲國內對ＳＯＣ的許多看法與論述都只是一種趕流行的心態，甚至於有些過度熱衷。」

Ｈ博士繼續問道：「聽說你們『掃街』時也見過許多ＩＣ設計公司，他們對ＳＯＣ的看法又是如何？」

傑夫轉頭看看畢修；畢修會意，因而接口回答：「我們掃街，前後大概掃過三百家未上市的IC start-ups，加上拜訪過許多已經上市的大ＩＣ設計公司，大家似乎都認爲ＳＯＣ是個很好的系統整合與解決之道，然而實際上卻沒有想像中那麼簡單，在我們看來，實務上似乎困難重重；可是國內所有的ＩＣ設計公司和訓練機構卻多以ＳＯＣ作爲主導的訴求……這兩者之間到底有沒有什麼矛盾？或者只是單純的時間差距問題？請Ｈ博士務必給我們一些指導。」

Ｈ博士的視線落在傑夫與畢修兩人的臉上，思考著這兩人的「大哉問」，其實他心中早有答案：ＳＯＣ現在可說是臺灣ＩＣ設計公司的「顯學」，大家都在講ＳＯＣ，認爲系統只要是ＳＯＣ就可以解決許多問題；但是要把很多不同功能的ＩＣ結合在一起談何容易？ＳＯＣ的困難度以及它實質上的價值，其實還是有許多可議之處的。

「Ｈ博士？」傑夫看著Ｈ博士篤定的神情，忍不住好奇心大起。

「呃，好吧，在我看來，ＳＯＣ其實是over hype（熱門過度），太多人講得太多了，聽起來似乎很簡單似的，但實際上ＳＯＣ並不如想像中那麼簡單，甚至於其他的alternatives（取代方式）可能都會比ＳＯＣ良率更好、成本還更實際。」Ｈ博士的答案果然開門見山，大開大闔，大師見識果然不同凡響。

Ｈ博士怕兩人沒有聽懂，於是開始解釋了：「首先，所謂的ＳＯＣ是把不同的系統集合在一個ＩＣ裡面；而所謂不同的系統，現在的系統一般都包括微處理器、記憶體，甚至線路設計上還有類比、數位，加上那些input（輸入）、output（輸出）、interface（介面）的，這些東西如果都要整合在一起的話，先不談功能本身非常複雜，即使在半導體的製程上也涵蓋了數位和類比，甚至於還涵蓋了不同的製程……，你們也知道，微處理器所用的製程和記憶體、類比所用的製程完全不同，而想把這些東西用半導體的製程放在一個晶片裡面，並沒有那麼簡單。

第二，要把那麼多複雜的系統混在一起，線路設計愈來愈小。當線路愈來愈小，現在的90 um的技術，或者是〇・二五微米、〇・一八微米以內的技術，就以〇・一八微米的半導體技術來說好了，一個光罩（mask）就是一千萬至兩千萬臺幣以上，而一般的ＩＣ設計公司不可能在一個cut（批次）就完成，幾個cut之後，光在光罩上所花的錢就要上億。只做一個產品就這樣，如果同時開發兩、三個產品的話，除了大公司資產雄厚以外，哪家公司負擔得起呢？

第三，這種高整合性的設計線路複雜，製程繁瑣，所以良率非常不好。這種高度整合的晶片由於把所有的功能與製程晶片模組混在同一個ＳＯＣ裡面，只要任何一部分出問題或是任何一部分的 spec（規格）開錯的話，這整顆晶片就必須重新來過。」

聽到這裡，傑夫與畢修臉色已經有些沉重了，可是Ｈ博士的話還沒說完呢！

第四，測試也是一個非常大的挑戰。過去臺灣所累積的測試經驗都是針對單一功能的晶片，如今要針對一個涵蓋整個系統的大晶片設計一套可供執行的測試程序，實際上我們還沒有這樣的環境。

還有，國內的 architect（ＩＣ整體架構規劃人）人才缺乏，也欠缺培養的環境與機會，即使連國外有能力有經驗的 architect 也不多見，既然缺乏 architect，要做到眞正的ＳＯＣ是不可能的，最多做做很簡單的系統，像玩具、消費電子用品之類的也是具體而微的ＳＯＣ。換句話說，以我們現在的經驗與能力，要做到大系統的ＳＯＣ是極端困難的挑戰。」

聽到這裡，傑夫乾脆問道：「Ｈ博士，照你看，如果國內廠商合作的話，有沒有成功的機會呢？」

Ｈ博士回答：「那要看做什麼產品了？」

「如果是手機系統與整合電源呢？」

Ｈ博士只是淡淡地笑笑，沒有什麼反應。傑夫與畢修當然知道Ｈ博士也清楚國內哪些廠商在開發相同的產品，所以不作聲，以免得罪人；然而一切盡在不言中！

傑夫皺了皺眉頭，立即把話題轉到一般性的題目：「在您的看法裡面，不僅設計和製造是問題，連測試也是問題。這一來，ＳＯＣ還值得大力推廣嗎？」

Ｈ博士搖搖頭，「太多人對ＳＯＣ恐怕寄以過高的期望，而這種期望其實是不切實際的。國內很多人都不了解ＳＯＣ的關鍵問題，甚至於推廣過頭，很多人都把ＳＯＣ講得太神奇了。」

ＩＣ公司的挑戰：取而代之，美而廉的ＭＩＰ

畢修接著發問：「Ｈ博士，如你所說，ＳＯＣ整合看起來又貴又不實惠，那有沒有其他的解決之道呢？」

Ｈ博士喝了口茶，好整以暇地回答：「當然有，用 system in package（ＳＩＰ，封裝式的整合系統）或用 module in package（ＭＩＰ，模組封裝式整合晶片）不就行了！我認爲大家用 package（晶片封裝）的方式來做反而比較簡單，而且比較實惠，因爲個別的ＩＣ可以用不同的製程，加上現在晶片封裝的技術進步很快，不但有許多進步的封裝技術，又可以做三度空間的ＩＣ包裝，以及裸晶包裝等等，這些創新的包裝方法可以把不同的ＩＣ組合在一起，也可以包裝主動元件、被動元件、記憶體等等。總之，由成本以及良率來看，這種方式其實是比較經濟與實惠的。」

「這樣一來，它的面積（size）會不會變大？」傑夫對封裝業也略有所聞，馬上提出缺點。

H博士點點頭，似乎稱讚傑夫這個問題有些水準似的，「當然！如果用這種方式來組裝的話，面積本來就會比較大。但你想想看，很多產品基本上都必須符合人體工學，所以總是會有基本體積的要求的，就像是手機吧，如果體積太小的話，使用上不也非常不方便嗎？當其他關鍵零組件都縮小以後，因爲封裝所增加的體積照理說不該會成爲瓶頸的，我相信還是可以放進手機的；至於其他電腦相關設備，對MIP或是SIP封裝所增加的有限體積應該更不是問題了，像數位相機、數位電視的線路板就是一個例子。」說罷，H博士繼續喝起茶，稍事休息，同時也讓傑夫與畢修消化這些道理。

一會兒，H博士接著說，「傑夫，在線路的設計上，我們還不足以馬上到SOC的階段，甚至連國外大廠做SOC也沒有想像中那麼簡單；到現在爲止，很多人號稱所謂的整合，其實很多系統都還是需要好幾顆晶片，以無線區域網路（WLAN, Wireless Local Area Networks）來說好了，到現在不也還是三顆、四顆晶片？要將它們整合到一顆晶片裡面，我看可能性不大。許多系統整合都涉及很多混合性的線路，包括類比和數位的混合，原本就不容易整合的；加上國內一般設計水準都還在SPICE的模擬階段，對系統整合的觀念與實作經驗還是不夠的。」

「也就是說，無論是從技術的角度、複雜度、成本，或是國內的適合程度來看，SOC並沒有想像中那麼簡單，甚至要做到那樣的程度，恐怕還有得等囉？」傑夫語氣沉重地做出結論。

H博士點點頭，臉上不見笑容。說的也是，這種結論有誰笑得出來呢？

IC公司的挑戰：整合「電源SOC」？千萬不要當眞

向H博士告辭後，傑夫和畢修繼續趕到新竹，向達利某關係企業的手機部門請益，當創投的人想要了解一樣事情的時候，至少都會問兩個以上的專家的意見，而不會只問一家。

「如果我們將手機上所有與電源相關的IC整合在一起，你認爲這有沒有意義？」一見到手機設計部門的同事J主管，畢修也不拖泥帶水，說明勒馬與T公司合作的構想後就直接開口發問了。

J主管看看畢修，愛笑不笑地反問：「你說的是『理論上』的有意義？還是『實質上』的有意義？」

畢修「咦」了一聲才問：「怎麼說？」

「理論上，如果能把手機上所有的電源IC集合在一起，晶片體積變得很小，就可以空下很多地方來處理基頻（baseband）以及外掛的記憶體和周邊設備，比如說相機的鏡頭等等，這當然是很好。」

「但實質上呢?」言下之意,實質上和理論上可能不同了;,畢修急著想知道不同之處。

「實質上,想把所有電源IC都結合在一起,哪有這種可能性?從天線來看好了,有power amplifier(天線訊號放大器)、基頻,這兩個所需要的電源不一樣;,中央處理器(CPU)使用的電源也不一樣;再加上手機一些必要設備,例如按鍵、響鈴、震動馬達、充電器等對電源的需求、使用產生的干擾以及噪音都不同。總之,手機整個系統所牽涉到的電源範圍非常廣泛,而且每個東西都自成一個系統,不僅每個系統之間所需要電源的規格不一樣,甚至所需要注意的程度也不一樣,像馬達部分,必須考慮到電流啓動時可能突然高突然低的脈衝,其他晶片就不需要考慮這個了;再考慮到充電,保護線路也都不一樣。是沒錯,這些如果能整合在一起當然是好,但以現在的技術來看,想整合在一起的可能性並不大,就算現在有人宣稱做出來了,我爲了產品穩定性也不敢用。」J主管滔滔不絕且詳盡地解釋,根本不顧畢修的臉色一陣青一陣白。

「畢修,還不只這些問題哩!」J主管舉起手臂,捲了一下袖子繼續說:「即使三方面能合作設計出一個整合性IC,你想,整合是整合了,萬一當中任何一個小部份出了問題,手機會沒問題嗎?到時候我們該找誰負責與協助解決呢?他們又眞的能夠解決得了、負責得起嗎?在系統上,使用者總不希望我們的產品因爲某一部分出問題就使得整個手機報銷了;

所以從這個角度來看，要使用過度整合的ＩＣ組合，對我們而言還是有顧慮的。」

「這樣說來，勒馬的合作案不就意義不大了嗎？假如他們還是執意要做，你覺得從你的角度來看，我們值得投入嗎？你會願意派人協助嗎？」畢修垮著眉頭，死馬當活馬醫地繼續追問；傑夫則默默地站在一旁，靜靜地觀察著。

「不瞞你說，要我們派人一起設計是有困難的。其實我還有一個顧忌，現在臺灣做手機的人才非常欠缺，人派出去很容易被挖角，所以一般研發部門對外合作的意願都不高，要嘛就自己做，不然就是跟國外廠合作。說得更明白些，跟國內廠商合作，一方面技術水準也不一定做得到；另一方面ＳＯＣ並沒有想像中那樣容易，連國外一流大廠都做不到，臺灣的廠商哪有能力一步登天、快速地用捷徑的方式做到呢？何況還有被挖角的危險？還是多一事不如少一事吧！對我們並沒有什麼好處呀！若是我們的競爭者想做，就讓他們先做好了，我們觀察一段時間再做決定吧！此事沒有急的必要。」

離開新竹，回臺北的路上，傑夫和畢修都沒說什麼話，靜靜地看著高速公路的車流。過了好一會兒，傑夫突然說道：「以手機部門的角度來看，何必派人幫忙呢？一方面是國內合作也未必做得出來；即使做出來了，也未必有足夠的可靠度與競爭力。現在國外的ＩＣ公司行銷也做得很好，需要的技術文件都很完整，價格也愈來愈有競爭力，這樣看來，國內ＩＣ廠商想要走ＳＯＣ可能是困難重重呢！」

畢修點點頭，「那勒馬那邊我們就緩一下，讓他涼一陣子再說吧！」不過傑夫想了想，「我還是認爲應該主動去告訴他這個壞消息，何必讓他們在這上面浪費寶貴的資源呢？」

畢修沉默了幾秒，應道：「好吧，當一次惡人，希望不會狗咬呂洞賓，不識好人心。」這一決定，便直奔勒馬科技了。

雙方一見面，傑夫和畢修還沒有開口，沒想到李總經理倒是先打破沉默說：「上次提的那個合作案，整個資金實際上只有一半是自己拿出來的，前兩次我和政府相關官員討論過，這個專案政府通過專案補助的可能性相當大；如果只要出一半的錢，風險還有多大呢？況且再說SOC就算沒做成，但在設計的 methodology（方法論）以及設計流程方面，如果可以幫助我們提昇技術水準的話，這值不值得考慮？」李總經理語氣雖然委婉，態度可是很堅決的。

「唔……這……」傑夫支吾了半天，無言以對。從經營的角度來看，一方面李總經理勇於冒險；另一方面資金有補助；何況技術又能獲得提昇，這些都是非常強悍的理由，所以一時之間傑夫眞不知道該說什麼，他看看畢修，畢修也朝傑夫望著，兩人霎時都有些尷尬，無計可施。

「我上個洗手間吧！」畢修丟下一句話，起身走向門口，眼睛朝傑夫覷了覷；傑夫心領神會，馬上站起來，說：「我也上個洗手間！年老色衰，尿遁一下。」有時候自我解嘲，緩和一下氣氛也是創投慣用的手法之一。

離開會議室，兩個人邊走邊談。

「畢修，勒馬這案子，我們在 Interviewing 的過程已經做得很完整了；在 Counseling 這階段我們也提供了應該給的所有看法，告訴李總經理SOC的困難處以及執行面的挑戰，包括技術、測試、成本，以及手機廠商在派人合作這件事上的猶豫等等。談了這麼多，我們的目的在哪裡？無非是想打消李總決定做整合IC的想法，雖然這不是真正的 Negotiation，但也相去不遠；至少我們試著勸服他不要做這件事，可是看來並不太成功。我們現在要不要再針對 Negotiation 這個階段多用點力呢？」傑夫問。

傑夫口中的 Interviewing、Counseling 和 Negotiation 究竟是什麼？原來在《達利教戰守則》裡面對創投人員有四大要求：

一、Interviewing：以面談的方式蒐集所有相關的資訊。

二、Counseling：向創業者提供達利的意見。

三、Negotiation：用各種理由與方法說服其他人與我站在同一條陣線。

四、Drafting：條列雙方的合作模式，或是提出其他可行方案。

針對勒馬這個案子，傑夫和畢修已經了解狀況；其他相關專家的意見以及重要關鍵的影響因素也蒐集完了；也告訴李總經理該怎麼做了；可是言者諄諄，聽者藐藐呢！

該怎麼辦呢？畢修心裡也在想同樣的問題。「嗯，看來只用剛剛那些說法是沒辦法阻止李總經理的，我們還得以其他方法來說服李總經理才行。可是用什麼方法才能說服他呢？是不是可以進入第四階段的 Drafting，提出什麼樣的替代方案，讓他往可行方案走，這樣說不定比單純說服他或者勸他打消念頭來得好吧？」

「有道理！面對問題時，一般情況我們都只會告訴對方什麼不可做，卻往往沒告訴對方什麼可做；如果我們告訴李總什麼可做的話，也許對他的幫助會更大。我們再想一個能打掉他原來想法的理由，然後加上一個替代方案，雙管齊下吧？」

說是這麼說，雖然原則已定，可是該怎麼談呢？兩人誰也沒有把握！這就是創投的另一個難處了！創投人經常要見招拆招，看情形再決定怎麼做，鮮少能事先想好一切再按表操課的，絕大部分都需要看當時的狀況、對方的感覺和心情，甚至還有哪些人在場而有不同的作法；有時候如果有其他相關人士在場，可以藉用群眾的壓力，借力使力表達自己的意思；可是有時候多個外人在場反而必須顧慮到經營者的面子問題，所以不能說得太直接。

箇中的道理，人與人之間溝通的方式、討論的技巧，對畢修與傑夫而言都耳熟能詳、信手拈來；問題是兩人與勒馬李總經理相識多年，大家都是明白人，所以平常的技巧似乎都很難施展……即使原則既定，但是從哪裡切入，還是讓傑夫和畢修在廁所裏苦思了好一陣子。

兩個人上個廁所去了老半天，回到會議室的時候，李總經理等得有些不耐煩；三個人互相看了看，氣氛有些沉悶，李總經理瞅了傑夫與畢修一眼，心裡正想著這兩個人剛剛在廁所裡一定談了什麼。

傑夫心想，不能讓氣氛繼續僵著，所以隨口提議：「李總，先不談這個合作案吧！上次我們不是還聊了一些新產品的計劃嗎？上次沒時間詳談，要不要利用這時間聊一下呢？」

李總經理一聽傑夫問起新計劃，臉色馬上好轉。是啊，經營者最大的樂趣不就是滿心夢想嗎？夢想就是最大的激勵，李總經理當然也不例外！說時遲那時快，李總經理很高興地回到辦公室取來新產品的 road map（產品成長關聯圖），爲傑夫和畢修詳盡地解釋，包括未來產品的領域、配備人員、業務（sales）分組，現在碰到的挑戰以及如何處理等等，言談間眉飛色舞的表情不時地湧現在李總經理的臉上。

傑夫眼尖，赫然發現ＳＯＣ整合性電源晶片的項目也在計劃書的主要項目上面，一看人力調派，都是勒馬幾個資深的設計人員，可是重兵部隊呢！傑夫低頭思索，霎時靈光一閃……嘿！機會來了！他的臉色豁然開朗，轉頭對畢修眨眨眼睛。

ＩＣ公司的挑戰：人才放在哪裡最好？

畢修蹙了蹙眉頭，不解傑夫是什麼意思，下意識順著傑夫的手往計劃書一瞧，發現傑夫的手指在ＳＯＣ合作案的名單上不斷做手勢……唔，這是什麼意思呢？幸虧兩人多年合作，默契十足，一想，福至心靈，懂了！畢修笑了笑，對李總經理說：「總經理，你調派去ＳＯＣ這案子的人，是你們的一軍呢？還是二軍？」

「當然是一軍！」李總經理盯著畢修，奇怪他怎麼會問這種外行人才會問的問題。「要做整合，又跟系統廠商和其他人合作，二軍怎麼做得出來？當然是一軍囉！」還特別強調了一句：「絕對是精銳！」

畢修心中暗喜，接著問：「如果是一軍來做，照ＳＯＣ如此高的困難度，這些一軍有沒有心理上的壓力？」

李總經理一時弄不清楚畢修話裡的涵義，不過他警覺話中有話，靜靜地琢磨著畢修的話，沒有馬上回答。

傑夫不待李總經理多想，立刻順水推舟，接著說：「我想畢修的意思是，如果ＳＯＣ的開發進展沒有想像中順利的話，這群人會不會產生相當的壓力？會不會沒有成就感？」停了一下，也特別學著李總經理的語氣強調地說：「這群精銳對自我的期許一定也很高吧？」

李總經理眉頭皺了一下，顯然這句話聽進去了。

傑夫趁勝追擊：「以ＳＯＣ一般的規模還有你的計劃書來看，這個案子的開發大概需要一年半左右的時間才能設計出樣品或達到相當的水準。你看勒馬其他的產品，因爲功能比較單純，大概半年或一年左右就能見到樣品，而這個ＳＯＣ的案子卻要一年半的時間；等過了一年半以後，就拿A類產品來看吧，因爲設計比較單純，到時候A類產品線應該都是銷售量大的主力產品之一了。李總，負責設計A類產品的員工和SOC開發案的員工，彼此之間會不會出現心態的不平衡？

從A類這一組人員的角度來看，他是做銷售量大的產品，雖然技術不像SOC這麼深奧，但是一軍一年半以後還沒有看到實際產品，也沒有什麼眞正的業績，雖然說一軍是精銳部隊，他是二軍，但是現在卻是由他們這些二軍來供養一軍……你說，二軍的心理會不會不平衡？一軍這些『精銳』又如何嚥得下這口氣呢？何況SOC的成功也不是一軍可以control（自我可以掌握）的事情，這豈不是會陷這群一軍於不義？」

李總經理聽到這裡，眉頭都打結了，顯然這話深深震撼他的心。

畢修一看，知道眼前已經解決他們剛剛的問題了，馬上一鼓作氣提出另外的看法：「總經理，你何不把一軍所有的人力抽調出來，把你現在已經開始賺錢的產品線做得更好更多，甚至讓競爭者跟不上，或讓自己可以很快地超越其他的競爭者！你看 road map 上B類的產品，現在在國內也只不過是第二、三名，爲什麼不把一軍都集中在這一類，攻下第一名？當你許多產品在國內都是第一名之後，再好整以暇慢慢把資源調到那種需要一年半以上深耕型的產品，屆時即使做不成也無所謂。這樣的安排是不是對你比較有利呢？若是眞的必須現在就馬上 turn on，那就抓幾個國防役的工程師去邊做邊受訓吧！」

說罷，傑夫和畢修互看了一眼，決定讓李總經理慢慢消化當中的道理，兩人乾脆欣賞起窗外的風景。許久，空氣沉悶著，三人沒有一句話；話點到為止，見好就收吧，於是兩人向李總經理告辭，接下來就要讓李總自己去發酵、思考了。

這就是創投談判技巧運用的奧妙之處了！創投的 Negotiation（談判）和其他行業的有很大的不同。創投不管是在投資之前或之後，跟創業者之間都有很多的 Negotiation，而這些 Negotiation 並不是在當場談出結果，很多時候都只是告訴對方一些想法，由他們慢慢自己去醞釀、消化、吸收。

因爲經營者都有相當主觀的判斷，他們如果沒有說服自己的話，是不可能因爲創投人的談判技巧而接受不同的看法。一般有經驗的創投投資者都知道自己只能把所有的狀況告訴經營者，經營者自己的決定才是真正的決定，所以創投的談判與一般的商業談判截然不同。商業談判的方式可以威脅利誘，逼迫成之後你照我的意思做；但在經營者這可行不通，投資者只能告以實情，最後還是必須讓經營者自己說服自己，而不是由創投人來說服他。

不過，說得容易，做到難！

ＩＣ公司的挑戰：讓他們「自我發酵」

好久一段時間，達利和勒馬都沒有聯絡。從達利的角度來看，如果繼續追問ＳＯＣ這件事，好像是逼迫李總經理接受達利的看法，所以並不適合主動詢問；就讓李總經理自己決定什麼時候再與傑夫與畢修聯絡吧！

創投的談判手法之一有時候就是等待，不做任何動作地等待，這也是一種談判的技巧，因爲勒馬李總經理遲早還是必須告訴達利他到底是如何處理這個SOC合作案的。

二個月時間過去了，到了例行董事會，畢修還是刻意迴避著SOC的合作案，只聊一些董事會上事先準備的議題。

沒想到李總經理在董事會後，趁著其他董事離席後，語氣平靜地主動提起這事：「畢修，上次有關SOC那個案子，後來我決定不做了。」語氣裡沒有一點點的起伏和掙扎。

這會畢修反倒好奇了：「總經理，爲什麼你就不做了呢？主要的理由是什麼？」

這該不該說是創投人的壞習慣呢？當創投列舉許多理由嘗試著說服經營者的時候，他也不知道哪個理由才是眞正有影響力的；所以當事後有了結果，創投人都會習慣「追根究底」再了解一下經營者到底是爲了什麼因素而有了不同的決定。

這樣創投就可以慢慢修正和經營者相處的方式，逐漸弄清楚什麼方式比較容易說服該名經營者；同時也可以知道經營者的思考邏輯是什麼、決定因素是什麼，以歸納出經營者心中的決策模式（decision model）。對創投而言，知道對方的決策模式是很重要的！這樣以後遇到相同情況才可以更準確地做判斷。

畢修當然也想藉著這個方式來了解李總經理心中在乎的到底是什麼？是因為技術的困難度？還是與T公司之間合作的困難度？或者是因為怕人才被挖角？抑或是擔心金錢的損失？還是最後的士氣問題打動了李總經理的心？

「事情是這樣的，我後來想想你們說的也對。假使我把一軍調來做這麼困難的開發案，到最後讓彼此之間都非常挫折，不是得不償失嗎？何況公司現在正處於高度成長的階段，一方面我應該把所有的資源都放在刀口上；再則員工與員工之間如果產生心結的話，對公司的未來總是會有負面的影響。所以我不如把所有一等技術人員放到原來能夠賺錢的產品上，就像你們所說的，先讓公司很快賺錢，而且賺錢之後也可讓公司的技術累積到一定的程度。」

「就這樣放棄，不會讓你扼腕？」畢修盡量讓自己的音調聽來像平常一樣，其實心裡暗自慶幸李總經理聽進了建言。

「扼腕？畢修，眼前雖然我沒辦法做手機整合性的產品，但我不做的話，別人也做不出來。如果上次你們跟我說的方式是正確的話，時間對我並沒有影響！既然我最大的競爭對手不是時間，拖個三、五個月沒做又怎樣？晚一點再做也無所謂；甚至不做也沒關係。從這個角度來看，我應該把所有資源放在對我最有利的地方，要花錢，還是花在刀口上才對！」李總經理語氣堅決地為自己的決定做了漂亮的解釋。

「況且現在IC設計公司的經營愈來愈困難，我更不能浪費資源與人力在沒有前途的項目上面，所以就算了！」

過了一會，李總經理面帶疑問地說，「不過事後我想想，還是有兩個心結沒有答案。第一，難道我們小公司與大公司合作開發ＩＣ就是這麼困難的嗎？有些項目我們自己開發很難成功，大公司也不可能事事都自己做，兩家公司之間總應該可以找出可能的合作模式吧？不然彼此的發展豈不是受到限制？第二，就是你上次提到的系統廠商不太願意與我們ＩＣ公司合作、怕我們挖角之類的，這兩件事情雖然都言之成理，但我想總會找出可行之道才是；不然我們與大的同業不能合作，與下游系統廠商也不能合作，這樣大家的前途不都受到很大的限制了嗎？像我們這樣的ＩＣ設計公司，雖然已經開始賺錢，也有了自己的技術、產品線，可是下一步該怎麼走？既然不可能與別人合作，那我們的前途又會在哪裡呢？我想了好久實在是想不通……」

畢修聽李總講的這些話都是實話，心頭一沉，不知道該說些什麼才好，甚至結束董事會後回到辦公室還眉頭深鎖了好一陣子，忍不住拿起電話撥給傑夫，除了轉述李總經理懸崖勒馬的理由以外，也提到李總所問的兩個問題，看傑夫有什麼看法。

傑夫想想，有些擔心地回答：「他講的沒有錯，我看最近這些現象是很詭異，一方面是**自己可以做的題材愈來愈少，再來就是像ＳＯＣ的大題目也是不實際，加上ＩＣ公司之間要合作也不太可能……**照這樣繼續下去的話，我擔心的是，會不會從此以後，**臺灣的ＩＣ產業**

都不適合創業了？想想多可怕？豈不是連創投的投資機會都沒有了呢？」

「哦？不會吧！……情況有這麼嚴重嗎？」畢修一聽此言，心想：有這麼糟糕嗎？

傑夫繼續解釋說：「本來ＩＣ公司最大的挑戰就是找可以發揮的題目來開發產品；可是上次我們談過以後，我看情況是愈來愈不樂觀了。

第一，過去臺灣最擅長的ＩＣ設計都是繞著ＰＣ打轉的，可是現在愈來愈多的功能被Intel CPU 整合了，剩下來可以發揮的ＩＣ實在是不太多。

第二，再看看，只要簡單一點的ＩＣ題目都已經被人家做光了，像是包括玩具、家電、儀表控制等等消費性系統，我看現在都是大陸ＩＣ公司的天下吧？

第三，現在臺灣可以做的題目只剩下中、高難度的題目，這些都需要不同程度的整合才行，大的題目像是ＳＯＣ系統、手機系統晶片、無線傳輸晶片等等，這些都是高難度整合系統，很難搞，不只本身功力要夠，還需要與半導體晶圓製程和系統廠商三方面合作才行。依我看，只有美國幾家大廠ＩＤＭ（整合元件製造商，integrated device manufacturer）才有機會；臺灣廠商在技術上深度不夠，也難找到系統廠商合作，所以廣度也不夠，難以發揮。小的系統或許還有一些機會，不過大家都會，除了殺價競爭以外，我看也顯現不出什麼特殊的或個別的優勢就是。

第四，即使有些臺灣廠商可以花大錢，找很多高手一起努力；不過雖然好不容易推出產品，還沒正式量產便遭逢美國、日本這些財大氣粗的公司來個殺價競爭，猛砍價錢，我看連活命機會都沒有，更不要夢想把過去投資的成本回收了！」

畢修聽到這裡，突然打岔說道：「未必吧，像一些新的題目呢？數位電視？消費性電子呢？你看臺灣ＩＣ公司有沒有機會？」

「你看呢？」傑夫沒有直接回答，反而要畢修說說他的看法。

畢修想了一想，「似乎也不怎麼樂觀耶……我仔細一想，幾乎所有的消費電子都掌握在日本人與歐洲老廠商的手裡，不管是核心技術也好，或是語音、影像、數位系統等等，在整合或是應用這兩方面似乎都逃不出日商與歐洲廠商的手掌心，這些人是不會想要放出這些技術的啦！何況這幾個領域裡面，臺灣ＩＣ公司要自己搞個名堂出來也不是件容易的事，一直到現在臺灣ＩＣ廠商連電視的調諧器ＩＣ（tuner IC）都做不好，遑論其他呢？」

兩人談到這裡，心情都非常沉重……

過了好一陣子，電話另一端的畢修問起另外一個題目：「傑夫，你上次不是在矽谷對一些矽谷的創業者演講嗎？你有什麼特別心得？」

傑夫一聽此話，想起上次演講的經歷，心情更爲沉重了，頗不帶勁地爲畢修描述上次的演講情況：「上次演講大約來了一百二十多人吧，都是對自己創業感興趣的，也多數是與ＩＣ相關的技術人員；我大略調查了一下，幾乎近九成是大陸來的工程背景人員，只有十多人是來自於臺灣背景的，這就讓我有些擔心了。

過去我們在ＩＣ設計方面之所以具有競爭力，是因爲在人才供應方面，有許多臺灣背景的技術人員到美國留學或在當地工作好一陣子累積了很多技術功力，之後若不是在美國設立公司，就是回臺灣創業；不管怎樣，很多新產品、新技術就是這樣引進臺灣的，這些人才的經驗傳授對臺灣ＩＣ產業貢獻非常顯著。不過我看現在情況大不相同了，最近幾年來，臺灣留學美國的技術人員愈來愈少；相對的，近年來絕大部分的技術人員都是來自於大陸或是印度，這些人以後創業或是技術移轉也不可能轉到臺灣來吧？所以我有點擔心這會不會造成我們在ＩＣ發展上面的技術資源斷層……」

畢修回答：「是呀，怪不得現在回臺灣找錢的初創公司有相當一部份都是大陸背景的技術人員……我看這些大陸背景的技術人員除了找錢會到臺灣來以外，以後發展也必然是到大陸去，不會再到臺灣來的，眞正是『錢從臺灣來，技術送到大陸去』！雖然我們投資只要賺錢就好，大陸、臺灣、美國都可以，但是這種現象對臺灣ＩＣ設計公司總是不利吧？」

兩人談到這裡，傑夫突然又想到另一個問題：「對了，我們最近兩年所投資的案例雖然都是以ＩＣ爲主，不過仔細看看，我們所投資的項目幾乎都是集中在 power 領域上面吧？其他案例的比例小得多，你看這種現象是我們一家特例呢？還是通例？」

「說的也是！當初我們可是一家一家地掃街找投資機會的，並沒有特別設定 power 這一項；不過經過評估以後，後來實際投資的ＩＣ公司竟然都還是以做 power 模組爲主！竟然連一家『系統ＳＯＣ』都沒有！眞是出人意料之外！雖然這兩年 power IC 是『顯學』，我們投資的每一家 power IC 公司也幾乎都賺錢，可是想來想去，還是有些擔心臺灣的ＩＣ產業整體的競爭力……照你看來，美國的ＩＣ公司會不會有投資機會？大陸的ＩＣ公司呢？我們應不應該開始考慮其他地區？」

雖然看不到電話彼端的傑夫是搖頭還是點頭，但是傑夫低沉的聲音已經隱隱透露出訊息……「剛剛我們的討論已經很清楚了。首先是美國的ＩＣ初創公司很難存活，一方面美國的創投似乎已經放棄投資ＩＣ領域，即使早幾年通信領域的ＩＣ還有些搞頭，可是現在也看不到通信ＩＣ初創公司的出頭天；再來，其他ＰＣ相關的領域早就移到臺灣了，剩下手機、無線通信也都是大ＩＤＭ的天下，大者恆大，他們也不需要我們創投的錢；至於小的ＩＣ初創公司也被雙邊競爭擠壓得愈來愈難出頭。本來我還認爲數位電視相關的ＩＣ或許有投資機會呢，經你這麼一說，既然連電視調諧器ＩＣ都做不出來……那情況不妙了。」

「照你這樣說來，簡單的ＩＣ被大陸取代，熱門的ＳＯＣ也太複雜，叫好不叫座；這下臺灣的ＩＣ產業豈不是馬上就會面臨夾殺的威脅嗎？」畢修有些擔心地說。

談話至此，電話另一端的傑夫也不知道該說些什麼了。

兩人沉默了許久，只好掛上電話，問題卻沒有隨著電話的收線而終止，兩人不約而同感覺好像有塊大石頭沉重地壓在身上。實在讓人難以相信，難道ＩＣ產業眞的玩完了嗎？應該不會吧？可是機會到底在哪裡呢？難道要這樣繼續尋尋覓覓下去嗎？

5

爾虞我詐篇

你鬥得過禿鷹族嗎？

對創業者來說，拿到了 terms sheet（投資條件）
是不是表示已經取得投資者的承諾？
是不是值得高興的成就感與里程碑呢？
投資者爲了求得保障、彈性和卡位，
在 terms sheet 上會動什麼手腳？
創業者又該如何因應呢？

【前言】

對創業者來說,拿到了 terms sheet(投資條件)是不是表示已經取得投資者的承諾?是不是值得高興的成就感與里程碑呢?

一份白紙黑字的 terms sheet,爲什麼創業者看來是合理的條文,經過傑夫的分析後卻顯得處處是問題,是創業者和投資者認知的差異過大?還是投資者佈下的隱藏式陷阱太多?

投資者爲了求得保障、彈性和卡位,在 terms sheet 上會動什麼手腳?創業者又該如何因應呢?

【故事主角】

葛夫:在國外創業的團隊代表

當葛夫以買書之名,從國外撥了國際電話向傑夫詢問是否可以利用隨書贈送的「免費創投諮詢表」請教關於 terms sheet 的問題時,傑夫有些訝異,只買兩本書就得到免費的兩個小時諮詢,値美金四百元以上耶,這對創業者來說實在是最好的投資啊!也虧葛夫想得出來,居然拿 terms sheet 來討教……但既然已經答應讀者這項免費顧問的服務,當然就得履行承諾,而且得做到眞正用心而不保留地回答對方提出的問題才行,傑夫因此爽快地答應了對方見面的要求。

過了幾天，雙方見面的時候，葛夫竟然眞的拿出一份投資者給他的書面 terms sheet，意圖當面向傑夫請教；傑夫接過來，本來以爲是簡單的一份書面文件，沒想到竟然是細細幾十條文字，仔細一看，臉色霎時凝重得很，擔心著該不該說出眞正的想法呢？

傑夫心中不斷琢磨著，如果打馬虎眼，豈不是得說些違心之論？眞的明說嗎？豈不要得罪同業了？實在是尷尬得很吶！

葛夫並未發覺傑夫的神情有些異樣，因爲一心創業的他興奮異常，手上這份 terms sheet 對他而言可說是個募資過程中顯著的里程碑哩！

創業的事情籌畫至今總算有了實質的進展，怎不令人雀躍呢！葛夫的原意只是想請傑夫提醒幾個需要注意的地方就好了，他以爲沒什麼大不了的事情，根本沒想到會讓傑夫這麼爲難。

葛夫興致勃勃地問：「傑夫，你覺得這份 terms sheet 怎麼樣？」問完後好整以暇又滿心期待傑夫肯定與讚賞的回答。

傑夫望了望葛夫後，再度仔細地瀏覽一遍手上這份 terms sheet：

一、設立時間以二〇〇三年第三季爲目標，相關時程規劃如下：

二〇〇三年	×月×日	經營團隊離開原職
	×月×日	開始募資活動（美國、臺灣）
	×月×日	臺灣公司查名、開始進行公司登記，經營團隊爲發起人
二〇〇四年	×月×日	承諾投資人繳交書面投資同意書
	×月×日	股東投資協議書簽字
	×月×日	繳款截止日
	×月×日	驗資作業，開始變更登記
	×月×日	公司變更登記設立完成

二、資本額：新臺幣兩億元以上，四億元以內，暫訂爲新臺幣三億元。

三、股份規劃與每股發行價格

㈠共分爲三千萬股，其中十五％四百五十萬股暫定爲技術股，其餘股份每股溢價十二元發行；如果資本額非三億元時，將依照比率調整技術股股份，溢價部份不變。

㈡團隊實際出資現金不得低於資本額十分之一，否則技術股將相對減少。

㈢資金分四期撥入，每次撥款須由董事會核可後方可撥入公司帳戶使用。

撥款條件	撥款金額
募資完成	新臺幣一億元
主要人員招募達二十人以上，並且技術、行銷、財務主管以及總經理必須回臺灣定居	新臺幣五千萬元
產品 engineering samples 開始出貨	新臺幣一億元
第一筆銷貨完成入帳	新臺幣五千萬元

四、董事會組成：董事會共分五席，其中經營團隊二席，獨立董事一席，餘由主要投資人推薦擔任。

董事長：後議，原則上由最大出資人擔任。

五、薪資委員會：薪資委員會共分三席，由非經營團隊之董事擔任，薪資委員會每年定期決定總經理薪資及其他福利。總經理以下員工之薪資福利則授權由總經理決定並呈報董事會。

六、技術股

㈠在公司股本不超過新臺幣三億元時，技術股比例爲實收資本額之十五%。

(二)技術股發放辦法另由董事會訂定。

(三)如果公司有尚未發放於個人之技術股，得由董事授權後設立獨立投資公司暫時持有至發放爲止，該投資公司之董事會成員完全由非經營團隊之董事會成員擔任。

(四)vested period（鎖股期間）員工至少服務滿二年後得取得本條第一款之技術股之五十%，以後每服務滿一年可多取得技術股之二十五%，至第四年爲止。

(五)員工取得之技術股應集中保管至公司上市上櫃前始得領回，期間不得買賣。

……

禿鷹出招一：投資者是認眞的嗎？

再次掃過這份 terms sheet，傑夫抬眼盯著葛夫，沉默不語。

「有什麼問題嗎？」葛夫有些不安地問。

「你對這份 terms sheet 的看法如何？」傑夫反問。

「唔……有 terms sheet 就是代表對方的態度愼重囉！」葛夫笑著回答。

「你覺得對方愼重？」問罷，傑夫搖搖頭，「我們先從形式上來看好了。要判斷對方是不是愼重，你應該看看有沒有公司簽名或蓋章。老實說吧，如果只有一張紙，即使簽名也沒有什麼效果，但至少簽名代表了愼重度，一般人不也因爲愼重才會簽名嗎？眞要愼重，蓋了公司章就更慎重了。葛夫，你看這份 terms sheet 上頭有任何簽名或蓋章嗎？」傑夫拿起 terms sheet 又輕輕放下，兩張紙輕飄飄貼回桌面。

葛夫聞言，立即拿起桌上的 terms sheet，神情有些驚訝，當他再抬眼看著傑夫時，搖了搖頭，幾近自語地說：「我以爲拿到這份 terms sheet，就代表對方已經答應所有的條件……至少原則性同意了吧？」

「葛夫，『形式』是衡量這份 terms sheet 嚴肅性的一個指標，簽名和蓋章可以驗證對方是不是嚴肅的，還是只是隨便給你一份列印的檔案。話說回來，這其實是一個認知的差異，你認爲對方已經有了承諾，我卻認爲對方只是投石問路，並不代表任何承諾！」

「爲什麼你會這麼認爲呢？」

「很簡單！就 terms sheet 的形式來看，第一，沒有簽名，就這兩張紙，顯然根本就是從電腦儲存的檔案列印出來的文件罷了。第二，沒有公司印章。第三，即使有簽名和公司印章也不代表投資者的承諾，若要問代表什麼，所代表的其實也只是開始談判的基-礎-架-構，只是一個討論的框架而已，因爲簽名或蓋章之後都還必須附註條文說明該章程在什麼條件之下才能生效，也就是說有條件性地生效，而不是無條件性。」傑夫緊盯著葛夫，一字字宣佈：

「**創投業者絕不會給你無條件生效的協定！**」

葛夫楞了楞，傑夫這一分析，他已經隱約感受到很大的認知差異了，雖然投資者並非有意陷害他，但聽起來認知是絕對有些不同的。

葛夫轉念一想，難道創投都是這麼 tricky（狡猾）的嗎？還是傑夫故意這樣說以打擊同業呢？

坐在對面的傑夫很清楚地看到解釋了第一個疑點後，葛夫的臉色馬上由原先的高興轉成憤怒，又變爲眉頭深皺，還不經意地抬起頭來看看傑夫……傑夫觀察人是有名的，他馬上就猜出葛夫的心裡在想些什麼了；不過他只是笑笑，不多辯解，繼續不動聲色指著兩張紙一條一條地繼續爲葛夫解釋。

禿鷹出招二：資本額的隱藏陷阱

「你再看資本額吧！一次就定了三億，針對這條，你說說看你的了解與看法是什麼？」傑夫很快轉進下一條條文。

「當然是代表投資者的承諾了，還會有什麼意思？既然資本額是三億，就代表投資者要出三億現金嘛！」葛夫心裡有些懷疑傑夫的動機，所以語氣透露幾分的不耐煩。

傑夫若無其事，搖搖頭，繼續解釋：「我看未必！資本額三億，但是實收多少？這是個問題！資本額三億，有可能是法定的上限，意思是對方計劃多久以後要投資你的公司三億；但是這次可能只收一億。換句話說，字面上看到的資本額多少和實收資本多少是兩回事。」

「那如果說我們實收就是三億呢？」葛夫說。

「實收三億也可，但是資金有沒有一次到位？這才是關鍵點！」

還沒說完，葛夫就搶著說：「臺灣公司登記規定不是要驗資嗎？當然就是一次到位的。」說完後頗爲得意，表示他對臺灣法令懂得很多。

沒想到傑夫又搖搖頭，「驗資只是個手續罷了，驗完資還是把交的錢移轉出去就是，據我了解這並不違法才是。所以在我們看來，最重要的關鍵點是留下的實收資本額有多少，如果眞正的入資額是分期繳納，這又和資金全部一次到位是不一樣的。

你聽得懂吧？我是說，倘若對方書面上紀錄資本額三億，依照臺灣的公司法規定，這三億是一定要到位的；但實質上是分期繳納股金的話，實際上這三億元只是名目上的資本額，並不代表投資者已經承諾會給你三億現金！」

禿鷹出招三：分期撥入變數更多

說著說著，傑夫用手指點點另一則條文，「你看這裡，terms sheet 裡面還提到一個分期撥入，你認爲『分期撥入』和『分期，再決定要不要撥款』這兩者有沒有差異？」

葛夫望著傑夫，兩眼茫然，透出幾分不解，一副「看不出有什麼不同」的表情。

「分期撥款是無條件撥款，依照原訂的時間，**時間一到就撥款**；而分期依條件而撥款，那就代表時間到了，還要看是否符合撥款條件，才決定要不要撥款給你。」傑夫很快地解釋。

「當然時間到了就要給我錢啊！」葛夫脫口喊道，不了解傑夫為什麼又扯出不一樣的思考。

「不對，你認知又錯了！『時間到了，還要符合某些條件，對方才會撥款給你』，這與『時間到了就自動撥款』完全是兩回事。」

葛夫睨了睨傑夫，幾秒後逼出一句話：「你是故意做不利的解釋！」口氣充滿質疑。

傑夫無奈地笑笑，聳聳肩再攤攤手，然後指著 terms sheet 說：「事實勝於雄辯！你再看看這條：『每次撥款須由董事會核可方可撥入公司帳戶』，你認為『董事會核可』代表什麼意思？我問你：董事會是不是也可以不核可？」

「如果公司的進展達到一定程度，合法合理的話，董事會不應該有不撥款的理由呀！」葛夫抗辯，好似他是董事會的成員，董事會核不核可由他自己決定。

禿鷹出招四：明列撥款條件

「未必！」傑夫不疾不緩地解釋：「若要董事會核可，除非 terms sheet 上先註明撥款條件，明文規定除非發生什麼狀況董事會才可不同意，否則董事會必須同意，時間一到就立即撥款，這樣對你才有保障。換句話說，你必須把『時間』和『核准的條件』事先談清楚，『判斷準則』也該談清楚，不然我看這只是表面上說說，實質上投資者根本沒有義務給你錢，因爲他並未條列符合的條件！」

葛夫一聽，臉色變了變，傑夫的解釋朝他原本的樂觀又潑了盆冷水，單純的他對於其間的詭譎還是有些不能置信，因而指著 terms sheet 問：「對方已經條列了幾項規定啊，你看，撥款條件：募資完成，公司成立；人員招募達二十人以上，產品 engineering sample 完成；完成第一筆銷貨……這不就是了嗎？」

傑夫看看葛夫，淡淡地笑了笑，「好吧，我們一條條來分析吧！先看『公司設立，募資完成』，何謂募資完成？你覺得這條條文明確嗎？你倒是解釋看看。」

「不是投資協議書簽字就算了嗎？」葛夫回答。

「嚴格來說，既然公司資本額是三億，就必須三億到位才算數，這才叫募資完成；募資的資不就是指這三億資本額嗎？不然還能是什麼？！如今三億是分期撥款的，你怎麼可能拿到三億呢？」

葛夫一聽心都涼了，因爲根據傑夫剛剛的分析，每次撥款都還必須由董事會核可哩！「那我應該怎麼解決個文字上的陷阱？」葛夫焦急地問。

「應該明確規定第一次現金募資完成，比如說是六千萬；當募資達到六千萬金額就算完成，就不需要由董事會再行核可，或者說董事會只是做一個形式上的核可，這才能算是明確的條文，對你才有保障。」

「第一次現金募資完成……」葛夫重複傑夫的話，邊思索邊皺起眉頭，不明白爲什麼他看起來沒有問題的條文，怎麼經過傑夫一解釋卻是到處充滿了陷阱；這下似乎不得不接受傑夫的解釋並不是存心找麻煩了。經過這一心理轉折，他的臉色霎時變得陰沉得很。

傑夫看看葛夫，怕他情緒過於激動，乾脆問說：「我們今天到此爲止吧？你還要繼續解釋嗎？」傑夫也不想說得太露骨，得罪同業。

葛夫沒有馬上回答，心裡還在剛剛的幾個條件上打轉，至於傑夫更是好整以暇，慢慢來，他想：反正我答應的只有兩個小時，你不急，我不說。你不想聽更好，我還不想說呢！於是慢慢地喝口茶，耐心地等候著。

好一陣子兩個人都沒說話，過了半晌，葛夫抬起頭來，很誠懇地向傑夫說：「謝謝你的幫忙。我遇到許多創投公司，從來沒有遇到一個人願意告訴我這些事情。當初我以爲你書上提供的免費顧問不過是個廣告噱頭而已，所以根本沒有抱任何期望拿這個 terms sheet 來問你。沒想到傳言中『**微笑禿鷹**』**是禿鷹裡最絕情**似乎未必是眞，我們第一次見面，發現你竟然是一隻吃素的『禿鷹』！承你的情，這就請你多幫忙！」

傑夫看葛夫滿臉誠意，想想也罷，就破個例，得罪同業一次吧。所以他拿起紙，繼續指出疑點，「你再看看『人員招募達二十人以上』也是充滿爭議性的題目，如果你隨便雇用二十個人符不符合條件呢？雇用工讀生二十名又符不符合條件？」傑夫再問。

「嗄？這是他們給我彈性吧？」葛夫楞了楞，幾度欲言又止，最終只能閉口凝視著傑夫。

「給你的彈性？應該說是給他們自己的彈性吧！其實這裡面也隱含著陷阱！」傑夫緩緩語氣，臉色卻極爲嚴肅地說：「從你來看，人員雇到二十人就算數了對不對？但是董事會到時候可以辯駁說這是指雇用二十個『**關鍵人物**』，一般職員並不算數；而且工程師還必須是對公司有所貢獻的或是資歷到某個程度的才算數，怎麼可以濫竽充數呢？這種說法也言之成理，不是嗎？

再看下一則，『產品 engineering sample 完成』，你是不是認爲只要產品做出來就算數？葛夫，不要忘了你還要經過董事會核可；倘若你沒有寫明產品做出來就算數，難保投資者不會進一步要求你必須有客戶的技術及品質認可（qualified）才算數，不然產品賣給誰？可是客戶認可談何容易？還是應該說清楚比較好。」

葛夫聽懂傑夫的意思，因而靜靜看著傑夫，臉色在蒼白中透露出些許的失望。

傑夫語重心長地提醒：「爲什麼我說這是陷阱，原因就在這裡！這些條文從表面上來看好像都很清楚很明確，但等到你眞的要去執行了，屆時投資者『**想要後悔**』的話，他將有很多理由可以爭辯，然後不給你錢；錢在他口袋裡，**字眼解釋對他有利**，你能奈他何？」

「第四則應該比較沒問題了，是不是？」葛夫深吸一口氣，振作地問。

「一樣有問題！」傑夫苦笑著回答。「『完成第一筆銷貨』是什麼意思？賣了十塊錢算不算？你找朋友買你一個IC，然後付你十塊錢臺幣，這算不算第一筆銷貨呢？就算你認爲是，董事會怎麼可能會核可？這樣說吧，一般來說都是大量銷貨才算數，engineering sample 的銷貨怎麼能算銷貨呢！銷貨兩字不是代表樣品銷貨，而是量產之後的銷貨，所以你應該指明是『量產』，或者『金額大於多少』就算數，這都必須規定得很明確，譬如說：第一期銷貨金額大於美金一萬元就算數。總之，創業者想求得保障，應該把撥款條件寫得愈清楚愈有利，因爲很多地方你以爲這是投資者的承諾，其實不然，反而是投資者爲他將來可能的反悔而設的陷阱。」

說到這，傑夫打住這個話題，拿起水杯邊喝水邊說：「今天是免費，我只能跟你講到這樣，細節就不能再講太多了。況且除非你不問其他問題，否則兩個小時不可能談那麼多事情。」

葛夫一聽，忍不住看了看手錶，急忙問道：「傑夫，你是否還發現了其他的問題？」

禿鷹出招五：upside ceiling 和 downside protection 上下夾包

傑夫指著另外一條：「每股發行價格以十二元發行，你以爲如何？」

「我看還算合理，他們說其他分紅等到獲利以後才給，而且有關技術股的條文也都明確地列出來，這應該算是合理的吧。」

傑夫一聽，搖搖手反駁道：「不，這只是你的解釋，我以爲不盡然如此。你仔細想想看，**公司經營得好，股價是不是應該上揚才對**？若貴公司以後經營得不錯，股價卻永遠是十二塊，不可能漲價，因爲 terms sheet 上已經寫定了十二塊，意思就是說在三億元，甚至到四億元之內，不管分幾次撥款，一股價錢都是十二塊。」傑夫再用手指著紙上面的數字，「你注意到了嗎，從『以每股十二塊發行』到下一則條文『資金分四期撥入，每次撥款須由董事會核可方可撥入公司帳戶』，這兩則條文夾包之後，這才眞正是陷阱哪！對投資者而言，前者是 upside ceiling（高額權益保護），貴公司經營得好，他的成本就是固定在十二塊；後者則是 downside protection（最壞情況風險控制），萬一你的公司沒做成，他也可以在董事會中隨便找個理由就可以決議不撥款。上下一夾包，你說這不是投資者爲保護他自己而設的陷阱，那是什麼呢？」

「不會吧？」葛夫怔楞地注視著傑夫，內心翻騰得厲害，許多感覺一股腦兒襲向他，讓他只覺得冒冷汗式的複雜。葛夫就這樣靜靜地坐著，突然有股又嘔又氣的情緒凌越其他感覺，「爲什麼自己會像塊俎上肉一般，任人宰割？」葛夫在心裡暗自地問。

傑夫當然看出葛夫心裡不好受，但是這份 terms sheet 上面的問題還多著呢！

禿鷹出招六：永遠套牢經營團隊

傑夫搖搖頭，「這些都還是小事情，最嚴重的是『團隊實際出資金額不低於新臺幣三千萬元』這一條！算算看，也就是說經營團隊自己出錢的部分不得少於一〇%，你覺得如何？」

傑夫繼續討論另一則條文。

葛夫想了想，回答：「爲什麼你會說這個嚴重呢？我看這個還比較較合理些呢！這代表經營團隊的承諾嘛，達利不也一樣會向創業者提出這樣的要求嗎？」

「對，達利是有這樣的要求，這的確代表經營團隊的承諾，也是臺灣業界的習俗。不過你只知道一半，達利另外一半的作法是不一樣的：如果經營團隊出資一〇%，那我們給的技術股也不得少於一〇%，這是配套的措施。」

葛夫聽後沉思了幾秒，突然鬆了口氣地說：「對啊，一股是十二元，這不是二〇%了嗎？就是技術股啊！」這應該沒問題了吧！想著想著，葛夫臉上的陰霾掃除不少。

「對，這項條文的確已經涵蓋了技術股，但請留意差別在這裡：請問經-營-團-隊-現-在-有-多-少-錢？」傑夫逐字加重語氣說。「達利一般的作法是這樣：譬如說第一筆款是六千萬，經營團隊要出六千萬的一〇%；以後公司經營得好，我們當然希望公司以後的增資不是十二塊，價錢應該隨著公司進展而理所當然地增高，這時候我們可以安排特定人做些賣老股的安排以解決經營團隊資金的困窘。

我們再回頭看你的狀況，對方現在一下子把股本拉到三億，代表經營團隊一定要先拿出三千萬現金，請問你有多少現金？這三千萬拿出來，是不是把你的身家都賭在上面了？坦白說吧，這是不是個陷阱要你自己判斷，不過我老實告訴你，對方已經不只要經營團隊的承諾，還要經營團隊套牢，萬一你這案子不成功，你根本毫無退路，要拿出臺幣三千萬元可不是小數目。」說到後來，傑夫的語氣非常冷淡，現場的氣氛一下子降到冰點，不知是因爲傑夫的口氣，還是因爲葛夫的無言以對。

「要經營團隊套牢？爲什麼投資者會要求這個？」許久，葛夫才瞇著眼睛困惑地問。

「因爲投資者對創業公司的未來掌握度並不大，公司的掌控權幾乎都在經營團隊身上。換個角度來看這件事情吧，其實也不能說這是個陷阱，只能說投資者也很無奈，只能想辦法把你（經營團隊）綁住，而唯一的方式就是『魚死網破』，做不成，大家一拍兩散，誰都得不到好處！說白一點吧，萬一公司經營不成功，投資者也要經營團隊賠一屁股錢，也要經營團隊永無翻身之地，有了這樣的牽制，投資者才敢把錢交到你手上。」

「大部分的投資者都這樣嗎？」葛夫幾乎要冒冷汗。

「沒有，看個案！不過你這個個案是不是應該這樣做，我不能評論，我只能提醒你有這種狀況，只能爲你解釋當中可能潛在的風險。」

「那達利的作法呢？」葛夫的身子傾向前追問。

「剛剛已經提過，我們第一次的認股款不要那麼多錢，公司進展不錯的時候溢價發行，用溢價的方式補回經營團隊的現金不足，這是達利現在經常用的方法。從另一方面來看，經營團隊也有了承諾，但不會冒那麼高的風險；相對的，投資者的風險也不會那麼大，換句話說，雙方面的風險都減輕了，雙方面對對方的承諾也沒那麼重。」傑夫說。

禿鷹出招七：投資者的護身符：保障和彈性

葛夫認眞地看著傑夫，問道：「假設今天完全依照投資者給我的這份 terms sheet 進行，你能不能告訴我我將會有什麼樣的遭遇？既然你已經說明對投資者最好、最壞的保障，你能不能告訴我這份條款對經營團隊、對創業者的『最好』與『最壞』的情況又會是什麼？」

傑夫也嚴肅地回視著葛夫，沉默了幾秒才回答：「假設你就依這份 terms sheet 跟對方簽約，依照眼前的狀況，你最可能發生的情形就像是一架準備起飛的飛機卻在加速滑行的緊要關頭缺了油，因爲你的投資者隨時可以在緊要關頭卡住你，停止供應你需要的資金，逼迫你答應他們的其他條件，這是最壞的情況。」

「投資者這樣做有什麼好處呢？他也要賺錢，不是嗎？」葛夫揪著臉帶著疑惑表情地問。

「因爲你們還有一個績效獎金的評估還未談定，大家還可以談判。其實投資者的目的並不是要置你於死地，而是設一個局讓大家回到談判桌繼續談判；種種你現在心裡認爲不合理的，其實都只是投資者爲了保留將來談判的權利。說穿了，**投資者要的不過就是保留談判和改變的權利罷了**；屆時他有可能要得更多或給得更少，也有可能因爲雙方合作不融洽，某些投資者希望中途先行離開……種種可能性都有。葛夫，談到這裡，你抓到關鍵了嗎？我所要說的是投資者在**前面的階段要的是『保障』，後面要的則是『彈性』**，剛剛所提的 upside 和 downside，其中一個就是保障，另外一個則是彈性，投資者是不可能把所有事情都說僵了，都說僵了以後，萬一狀況發生改變，比如說你研發的產品已經失去市場價值，那投資者該怎麼辦？何況你今天做的是主力戰場（main stream）的產品，萬一不成功，投資者爲什麼要繼續給你錢？他當然想掌握隨時可以喊停的機會囉！這些投資者都是絕頂聰明的人，他們一定是讓自己處於進可攻、退又可守的戰略位置的。」

「『投資喊停』？在什麼情形下會發生呢？」葛夫面露擔憂的神情。

「就像我舉的例子，當你研發的產品不具市場價值的時候，從創業者的角度來看，即使你願意繼續做，但投資者不想繼續投資了，就像之前的網路，當前景一洩千里時，投資者爲什麼要『賠』你玩呢？所以他當然必須留個彈性囉！」

「那投資者爲什麼不把這些狀況條文化，事前說明白呢？」葛夫一副冤枉的表情。

「沒辦法！」傑夫斬釘截鐵地回答，「因爲未來的狀況變數太多了，所以對投資者最大的保障就是處處都留彈性，而不是把所有事情都是先詳細具文；想想看，投資者爲什麼要幫助你？所以身爲創業者的你，就必須自己想辦法事先詳細具文。別忘了，投資者和創業者雙方其實是在談判嘛，所有合作的條款，你擬得愈詳細，就可以讓自己多一分的確定及保障！」

「所以我必須和投資者較勁囉？」

「較勁？與『創投』較勁？你有沒有搞錯？創投是什麼樣的人？你『較』得了嗎？」

「哦？你自己說呢？創投是什麼樣的人？」

「有人說我們是『**禿鷹**』，有人說我們是『**天使**』，有人說我們是『**救難的海豚**』，有人說我們是『**嗜血的鯊魚**』，看你是用哪種角度來看了。」

「不管用什麼角度來看，我都鬥不過你們的啦！」葛夫有些氣餒地回答。

傑夫笑笑；過了一會，傑夫提醒葛夫，「今天的談話重點，我並不是強調你可以要求投資者給你非常明確的 terms sheet，而是在提醒你千萬**不要把本來就不明確的事情視爲明確，不要太一廂情願**，把自己的腦袋陷進別人給你的緊箍咒裡面，自討苦吃。話說回來，我勸創業者不要太一廂情願，並不是說創業者有條件和投資者互相抗衡，那是不可能的事！『相互抗衡』也不是創業者與投資者合作的動機與原意吧？」

「話說的不錯，就算我不能和投資者相抗衡，但我總可以盡力把條文明確化吧？」

「如何明確化我當然有解決的方法，但你要付出合理的代價，今天我不可能把所有的細節都告訴你的。嗯，這樣吧，免費送你一個 solution，你爲什麼不找一個有經驗的投資者？就是因爲你不可能把所有狀況明確化，所以你更需要一個有經驗的『老鳥』陪著你，指點你哪裡是荊棘和陷阱，你該怎麼度過；當你走在黑暗的時候，至少有個識途老馬牽著你的手，告訴你該往哪條路走。」

「找個有經驗的投資者……」聽了傑夫的建議，葛夫忍不住低頭沉思。

禿鷹出招八：花你的錢做我的可行性分析

「現在對方要求你下一個動作做什麼呢？」傑夫打破沉默，繼續發問。

「對方要求我們設計產品規格。」

「哦？你答應了嗎？」

「在今天以前，我們以爲投資者既然給了 terms sheet，就代表有了承諾，願意給錢了；既然找錢的方式大家已經談得差不多了，所以趕快設計產品規格也是應該的事。」

「那現在你認爲呢？第一，對方是不是已經有了承諾？第二，你是不是應該進行產品設計？」

「當然應該這樣做！」葛夫顯然是想表現得理直氣壯，不過聲音卻有些微弱。

「在你履行約定，開始設計產品前，投資者是否會先給你一筆公司的開辦基金呢？」傑夫進一步問。

「什麼？開辦基金？」葛夫瞠目結舌。

「看樣子你們在一開始時是需要自己拿錢設計產品囉？！那投資者第一筆錢什麼時候進

來？」

「要等到大家簽署了投資協議書，錢才會進來吧！」葛夫回答。

傑夫邊笑邊搖頭：「葛夫，投資者如果對你是有承諾的，應該會先出一筆開辦費用，不必多，你要求個五百萬就夠了！」

「普遍都會這樣做嗎？」葛夫沉默了片刻後問道。

「看雙方談到什麼程度。如果是我們，眞正有了承諾，當然願意做這件事。不過這個要求主要是用來試探對方的承諾程度。我猜測你們幾個合作還早，八字還沒一撇，你們之間顯然在認知上還存在著很大的差異，再加上一些他們有意無意設下的陷阱，比如說對方讓你們以爲他們要投資你的公司這事都已經確定了，要你們馬上開始設計產品規格，這就是投資者故意引導你們落入錯誤的認知。開辦費用可做爲可行性分析，而投資者現在的作法是要你跟團隊**用自己的錢先去做**、**用自己的錢驗證可不可行**，等有結果他再反應，反正他可以慢慢拖嘛！」傑夫淡淡地說。

「你的意思是說對方可能採取觀望的態度？」

「不是可能，而是根本就是有意讓你用自己的錢做做看；通過了以後他才決定要不要投資，反正他價格都已經和你談定了。你做出一點眉目了，他自然樂於履約投資；你什麼也沒做出的話，他也可以安全撤退，毫髮無傷。總之，沒有聞到香味，他是不會下馬的。」

葛夫聽了後蹙緊眉頭，有些吃驚，又有些不相信……「不對啊，你看 terms sheet 上都列了日期……」

「你這日期有用嗎？」傑夫打岔，「若是第一個日期不通，下一個不就繼續往後延了嗎？投資者的錢都已經到位了嗎？並沒有嘛！所以這些日期都沒用的！你看現在創投一毛錢都沒出，可進可退，這不就是彈性兩字嗎？**只不過這彈性是他的，而不是你的。**」傑夫頓了頓，繼續說道：「坦白說吧，投資者的作法，對他有利的，他會堅持，比如說單價十二塊已經談定了，他必然堅持到底；反過來看，如果對他不利的，他口袋裡早就準備好各種備用理由，到時自然言之成理。

投資者是非常擅長在字面上找毛病的，比如說要董事會通過才能撥款。換句話說，對投資者有利的，他就視爲是你對他的承諾；對他不利的，他就視爲這是有彈性的，可以根據當時的狀況而最做出不同的解釋。投資者每天都在玩這樣的遊戲，身爲創業者的你怎麼玩得過我們呢？」

「可是達利不是也有這樣的要求嗎？」

「有，有這樣的要求，但要看狀況！我也只能告訴你達利在投資新創公司時確實有這樣的要求，但你要自己去發覺狀況的不同。一般來說，我們有這樣要求的時候，往往是我們已經簽了協議書，或是我們已經同意投資了。這樣說吧，達利絕不輕易答應投資，一旦同意就很少改變；但各家做法不同，也沒有放諸於四海皆準的方式！就說眼前這份 terms sheet 吧，各家作法都不同的。」

葛夫看了看飄忽的 terms sheet 後，視線又移回傑夫臉上，卻只是窮盯著傑夫，無言以對……葛夫心裡感覺非常複雜，一方面很感謝傑夫給他的善意建議；可是另一方面卻又有幾分怨懟的心情，誰喜歡自己的創業美夢被人家赤裸裸地刺破呢？

傑夫對創業者複雜幽怨的表情早就視而不見，想想看，當創投的人每年接觸的投資計劃書有多少？投資的不過是少少的一小部份，要看這種怨懟的表情還怕沒有機會嗎？早就司空見慣啦！

傑夫繼續說：「你不是問說如果照這份書面文字繼續下去的話，你會怎麼樣嗎？坦白說吧，

第一，你會用自己的錢開始，其他投資者會繼續與你談，很有興趣地談，但是不會出錢。

第二，接下來要看你有多少錢能放在這上面了？以及你又能做多久呢？再說吧，既然你已經開始做了，投資者更不必急了。

第三，若是你進展順利；upside 來看，他已經說好資本額三億，十二塊發行，你答應的可不能減少，因爲他已經卡位了。而事實上，投資者要的就是卡位、保障和彈性。

之後就看情形而定了！

禿鷹出招九：中立董事席位是關鍵

葛夫點點頭，低頭看看手錶，飛快地問：「兩小時快到了，我再請你幫忙，看看『董事會組成』這一條，你有什麼建議嗎？爲什麼我們接觸的幾家投資公司都想要爭取當董事呢？」

「董事會五席，經營團隊兩席，投資者兩席，那第三席是誰？這是關鍵！因爲經營團隊兩席，投資者兩席，剩下的『中立』一席是最重要的。你想想看，既然中立這一席是由投資者推薦，中立這席會傾向誰？由投資者推薦，是不是代表他跟投資者的關係良好？這一說，你應該很容易判斷這名中立的董事投票會偏向誰了。」

葛夫忍不住張開嘴「喔！」了一聽，瞬間恍然大悟了。「還有另外一個問題，現在所有投資者只要投錢的都希望能爭取至少一席董事，這該如何解決呢？」

「關於董事的席位，老實說吧，現在說五席，到最後一定會逼你改成七席。爲什麼？你想想看嘛，投資者一定不只兩位，資本額三億嘍，至少要找到四家投資者，每家也要出資七千多萬，如果是我，出了七千萬還沒有董事的席位，你說我怎麼願意呢？萬一四家都要當董事，不是只好變七席了嗎？說不定還需要九席哩！」

「董事席位增加有什麼不好嗎？」葛夫眞是不解。

「葛夫，」傑夫先是笑了笑，然後嚴肅地開口：「董事會七席，就代表了投資者和投資者之間互不信任！進一步來說，以後任何事需要董事會通過，比如說撥款的事，董事會很難同意，一句話，就是人多嘴雜！到時候就不只是投資者各自要各自的彈性了，簡直就是擺不平了！總之，七席董事的涵義就是董事會擺不平，股東之間不一致，對你以後新的一輪增資會構成問題。你想想看，小小一個公司就有七、八席董事，誰敢來投資你？不就意味裡面一團亂嘛！而且董事只要對你不滿意，隨時可以聯合起來幹掉你。」

傑夫輕輕敲一下葛夫面前的桌面後，警告地說：「這裡面是一個很大的陷阱！你以後找錢會很困難，因爲擺不平董事會；何況你的公司做的又是競爭激烈的主流商品，就像大樹一樣需要很多的錢不斷地灌溉，而且根要紮得深，錢就要花得多，這中間已經有很多難以掌控的變數了。你想想看，一旦新的投資者看到董事會裡人多嘴雜，加上公司開發的產品又必須很長一段時間專心一致，請問你，變數多又七嘴八舌，公司怎麼做得下去？以後當你需要新的投資者的時候，誰敢來呢？」

「但是資本額這麼大，席位難免多啊！」葛夫困惑地問。

禿鷹出招十：大老出面

「還是有解決的辦法！你找一個能夠佔較多股份的投資者主導嘛，他出一億的話，還不夠份量嗎？照理說應該夠份量才能當 lead investor（主導投資者），而你現在的這個 lead investor看來並不是眞正的lead investor，而是coordinator（整合者）而已，所有股份跟大家都一樣，連董事也一樣，他並無意在各投資者之間扮演『大老』嘛！以你的狀況，你要做的產品是主流商品，便需要找一個人幫你撐著，至少出個三分之一到一半的資本，這樣就不會有席位和七嘴八舌的問題了；相對的，如果你找的是四、五個投資者大家一起湊分子，像『民間打會』一樣，你豈不是自找苦吃？找錢並不是找到錢就可以了，你需要的錢多，你就必須多考慮才行。」說到後來，傑夫頗爲語重心長。

禿鷹出招十一：福利怎麼決定

聽愈多葛夫雙眉皺得愈緊，都快打結了，他急得不斷搔頭，苦惱地請求：「傑夫，其他條文還有什麼問題，請一併告訴我吧！」

傑夫看看手錶，略微變換坐姿後，指著桌上的terms sheet說：「還有一些時間，就快速地解釋一下吧！先看這條：『薪資委員會每年定期決定總經理的薪酬及其他福利，總經理以下員工之薪資福利由總經理決定。』我先請問你，其他人的薪酬可能會比總經理還高嗎？」

「當然不可能！」葛夫回答。

「這就是了！幾個主要團隊成員都是由國外回來，基本上除了薪資以外，其他的福利應該差不多吧！你要由美國搬回臺灣，別人一樣也要飄洋渡海搬家，不是嗎？你們應該把這些補助談定，萬一薪資委員會規定不給總經理搬家費用或是拒絕返鄉探眷機票補助等等，其他人能拿到搬家費用嗎？換句話說，薪酬雖然由總經理決定，但跟職位無關的項目應該要先定下來，這個必須先談清楚。」

禿鷹出招十二：技術股永遠鎖住，直到上市？

「另外技術股的規定，『員工之技術股應集中保管至公司上市、上櫃前』，這裡的陷阱就在於上市前技術團隊都窮得很，而你的股票卻都鎖住了……」

「這不是一般狀況嗎？怎麼辦？」葛夫打岔。

「未必！也有辦法處理，」傑夫搖搖頭，「……但細節我現在不跟你說，你想知道我的看法，必須付我顧問費。」

禿鷹出招十三：大家一致還是保留翻案的權利？

話雖然這麼說，傑夫卻也不浪費時間，又提出另一個問題：「其他幾個你接觸過的創投有什麼看法？」

「所有創投都說與 lead investor 相同就可以了。」

「哦？你認爲呢？」傑夫追問。

「這當然是好事啊，代表大家意見一致嘛！」

「錯了！」傑夫馬上反駁，「這代表每個人都保留最後拒絕或討價還價的權利與空間！你認爲大家都可以同意，事實正好相反，這表示大家都可以在最後關頭拒絕，所有的創投都希望看到最後的條件後再來表示自己的意見。」

「爲什麼呢？」葛夫幾乎要惱火，爲什麼處處都是他看不見的問題，「那我該怎麼做才能讓所有創投意見一致呢？」

「他們要簽一個協議書，以 lead investor 的條件爲唯一條件，現在他們沒簽字給你是吧？沒有簽字怎麼代表他同意呢？嘴巴上說的同意都不能算數的！」

禿鷹出招十四：「禿鷹族」不得不「禿鷹到底」

「聽你這樣說，我眞的覺得投資者很詐……是不是所有投資者都這麼狡詐？」葛夫幾近抱怨地說，但心裡卻浮現出一絲傑夫故意危言聳聽的懷疑。

「話也不是這樣說！你要知道投資者處理的都是錢，一遇到錢什麼事情都可能發生的；所以要詐並非他們的本意，他們要的無非也就是保護自己而已！換個角度來看吧，投資者今天只憑創業者兩三句話就把錢給出去，你自己看看，多少人拿了錢以後就落跑了？」

「你們這個不都事先評估過了嗎？」葛夫是眞的不懂了。

「投資者當然評估過，但是再怎麼評估也沒辦法完全驗證，你的團隊那麼多人，他怎麼評估呢？今天來的就只是兩位代表，他怎麼評估創業團隊裡的每個人？話說回來，既然無法做完整確實的評估，他怎麼可能在狀況不清楚的情形下答應創業者所有的條件？當然要選擇且戰且走邊談邊看的方式囉！」

傑夫等了一會，又開口解釋：「易地而處，你想想創投的人也很難做的，只聽你們說就要出錢，錢給你們以後也不能管些什麼，不在條約上面多留點彈性的話，又能夠怎麼做？其實也不能怪我們這些投資者『禿鷹到底』的啦！投資者也是被騙怕了嘛！」

雖然話是有些道理，但是葛夫還是掩藏不住心中不滿的情緒，在他想，以前若是有人曾經拿了錢就落跑，爲什麼現在要由他來承擔後果呢？

過了半晌，葛夫問道：「那是不是簽了同意書就不會有問題了？」

「投資者不會跟你簽同意書的！爲什麼要跟你簽同意書呢？」傑夫反問。

「那不簽我要怎麼辦？明明就是挖了這麼多陷阱等著我跳……」葛夫舞動雙手，問。

「其實我剛剛已經給你建議了……」傑夫輕輕嘆口氣，「葛夫，既然投資者都不會簽同意書，你更需要有一個大老級的人物來幫你撐腰；就你們幾個創業者以這樣單純的作法蠻幹，沒有大老在後面支持或指點你兩下，到時候恐怕怎麼死的都不知道。」

談到這，葛夫已經白了臉，說不出任何話。傑夫的口氣或許誇張了，但葛夫知道和投資者打交道時，應該不如他原先所想像的單純，原本的一絲對傑夫是在危言聳聽的懷疑也已消失殆盡，他現在的心情就像是一顆洩了氣的皮球。

禿鷹出招十五：託管人帳戶

「lead investor 還有其他要求嗎？」傑夫平靜地問。

葛夫想了想，「有，經營團隊必須定期跟 lead investor 報告進度。」

「你認爲這合不合理呢？這已經不是 terms sheet，而是額外的要求了……」傑夫微皺起眉頭問。

葛夫看著傑夫，沒有回答，但他的表情已經告訴傑夫，他認爲合理；傑夫不置可否地笑了笑。

「我既然要他們出錢，當然應該要這麼做嘛！」葛夫忍不住爲自己辯駁。

「我說葛夫，你這人實在太老實了！投資者有沒有拿出一毛錢給你？」

葛夫搖搖頭。

「那你跟他報告什麼？一手交錢一手交貨呀！要你跟他報告，可以；不過要一手交錢一手交貨！他給錢你才說，不然爲什麼要向他報告？不然就簽協議書，而且錢必須進帳，不然怎麼合理呢？再說要報告到什麼程度才算是報告呢？」傑夫從鼻子逼出笑聲，有些嗤之以鼻的味道，「這算盤打得眞是精啊，lead investor 不僅可以免費得到很多資訊，而且還保障了投資進度和投資機會，可說完全沒有任何預付成本及風險就得到一張免費的投資入場劵呢！」

「那我應該怎麼做？」

「這不能教你了，我只能幫你解析到這個程度，免費服務到此爲止。」說罷，傑夫故意看看手錶。

「那我能不能再買書，繼續要求你的解釋和意見？」

「當然可以！」傑夫爽快地答應，接著卻又潑出一盆冷水：「不過說多少決定權在我，我怎麼會那麼輕易地告訴你眞正的關鍵呢!?我如果眞正告訴你關鍵的地方，我吃什麼喝什麼？再說，眞正的關鍵點是隨著時間而改變的，我怎麼可能現在就把所有狀況都明確地點出來呢？我又怎麼可能預估貴公司以後的進展和大環境的改變以及投資者彼此之間的壓力跟可能有的意見呢？這是不可能的事情嘛！連醫生都沒辦法將一個人的身體狀況如實且完全地診斷，我們怎麼可能在一開始時就把所有狀況都列出來？」說著，傑夫攤攤手，突然又以半開玩笑的口吻建議道：「對於中立的董事這一席，你應該考慮像達利這樣的對象，雖然我沒有投資你，但如果你找我當中立的董事，我就能爲你服務了。」

說罷，也不等葛夫的回答，傑夫一口喝盡桌上的開水，準備結束這場諮詢……「雖然是免費，我還是送你兩個解決之道，你應該愼重考慮董事人選還有要求資金一次到位……」

葛夫急忙打岔：「人家怎麼可能把錢一次就給我呢？」

「就舉美國的房屋買賣為例吧，你應該知道美國有所謂『託管人帳戶』(escrow account)，在美國買賣房屋，買主必須把錢存進託管人帳戶，而賣方還未將房子交清之前是拿不到這錢的，必須等到證明房子一切都沒問題，才由律師簽署證明書，這之間還必須經過買方派人監交檢查，證明房子一切都沒問題了，再由買方所推派的檢查人員簽過字之後房子鑰匙當場交給代書，賣方的人就不能再進入該棟房子了；等到代書將這份買方委託人的驗證書送達律師手裡，律師才把託管人帳戶的錢撥出去。

這樣的作法有幾個好處：第一，買方必須把錢先交出來，才不至於發生雙方手續進行到一定程度之後，買方才說沒錢付款；其次，錢先存在託管人帳戶也有保障，在房子未經過買方驗證，賣方是拿不到錢的，完全是銀貨兩訖。我舉這個例子的用意是你可以效法美國買賣房子的這種方式，開一個託管人帳戶，三億的資本額全部進到這個帳戶，但經營團隊也拿不到錢，必須依照明確的撥款條件按時撥款……還是一句話，細節我不能告訴你，今天我就只說到這個程度了！」

談到這裡，免費諮詢的時間也差不多了，傑夫起身送客，之後直接回到樓上的辦公室。

禿鷹出招十六：trap sheet（陷阱坑）

兩分鐘後，不意外地，傑夫出現在畢修的辦公室，他正和畢修分享剛剛和葛夫會面的經過。

畢修聽過以後搖搖頭，「你說的沒錯，不管怎麼說，創業者怎麼可能鬥得過『禿鷹族』的投資者？投資者每天都在謀略上打滾，每天的工作就是打算盤，而創業者就像個初出茅廬、涉世未深的青春少女，投資者卻是個幾度出入婚姻的老油條，什麼場面沒見過！你說這兩者如何能公平呢？**我看你說的 terms sheet 應該叫做 trap sheet（陷阱坑）才對！**」

「嘿，比喻得不倫不類的，你說什麼呀！我跟你談投資，怎麼扯到男女方面來了，好像結過幾次婚姻的男人就不是好人似的……」

不過你說的也有幾分道理，投資者整天在錢堆打滾，見到聽到的案例也多，當然會想盡辦法保護自己的權益才是！想想，我們常抱怨說創投不好混，我看當創業者更難耶！

記不記得上次一個創業者吐的苦水？他在座談會上抱怨說，當創投的人談到『錢』吧，有各國的會計師在爲投資者打算盤，談到『法』吧，有律師在撐腰，所有的合約裡面都是層層相扣，陷阱多的不得了；萬一有什麼『爭執』的話，創投也是動不動就是律師來信，存證信函，法院傳票之類，每個創投都身經百戰，談判的手段與招數更是多的不得了，加上股東會、董事會動不動就是程序不合法，利益衝突迴避之類的！

他說創投業者手上有錢、有勢，加上創投與創投之間許多合作與關係，所以創業者想要對抗投資者根本是以卵擊石，怎麼可能呢！

當時我一直認為這個人說話太誇張，有『受害妄想症』，把投資者都當成了壞人似的……不過現在看來，將心比心，創業者是很難鬥得過『禿鷹族群』的耶！你說呢？」傑夫滿臉同情。

畢修看看，話題傷感，搖搖頭，「管他的，這些煩惱又不是我們的事情，誰叫他要創業？生死有命，富貴在天！走吧，我們還是出去吃碗麵吧？今天該我請客了。」

6
競爭篇

連臺灣第一都還不行，還能創業嗎？

選大題目會掉入台灣第一的迷思與陷阱；

選小題目引不起投資人的興趣。

進退失據，創業還能搞嗎？

【迷思點】

臺灣第一不是達利投資所爭取的案例嗎？不是活存的不二法則嗎？怎麼爭取到臺灣第一後反而讓創業路碰到瓶頸呢？

「掃街」對達利來說已經不是新鮮事，但這次拜訪的對象「全贏科技」卻多了個「臺灣第一」的迷思，這是怎麼回事？到底臺灣第一的迷思在哪裡？

【故事主角】

全贏科技．高寒總經理

當全贏科技高寒總經理以幾近不可一世的口氣向傑夫和畢修如此誇耀：「我們現在所做的，在各個領域上都是第一名，尤其是在無線通信相關的領域更是如此！」的時候，傑夫和畢修一點都不意外。

對創投而言，面對這種「捨我其誰」的氣勢與語氣早就是家常便飯了，哪一個創業頭家不是這個樣子的呢？如果沒有這種「天下之美盡在己」的野心還出來創業幹什麼？

可是「認知」與「實際」終究是不同的兩件事！當創投的人就需要有判斷的能力，不然老是聞風起舞，必然揁龜！

當傑夫看著對面那張神采飛揚的臉龐，雖然點點頭，可是認識傑夫的人都知道他的點頭不過是禮貌罷了；不論是誰，除非對方所說的評論與自我定位拿得出相當的證據，不然對傑夫而言不過就是sales talk（自我吹噓），根本不會被當一回事的。傑夫轉頭看看畢修，畢修倒是一副興趣盎然的模樣注視著高總經理，而且是全神貫注……傑夫笑笑，也在心底暗笑：這個畢修演戲愈來愈眞實了，完全是一副得到知音的表情。

在聽創業者簡報以及說明的時候，當創投的必須在過程中不停地給予許多鼓勵，還要適時地提出幾個關鍵問題，這才能讓對方說得欲罷不能，愈說愈多；只要對方說的多，就可以找出漏洞與弱點所在。今天當畢修全神貫注地聽對方簡報時，總能適時地與高總經理互動，賓主興緻都很高，看來畢修角色扮演扮得好極了，連傑夫都有些自嘆不如。

其實這不僅是技巧的問題，還需要許多的事前homework（家庭作業）才能做得到；在來全贏科技之前，兩人早就對相關產業進行了許多深入的研究。全贏科技已經是達利掃街以來在無線通信領域的第十五家公司了！

自二〇〇一年以後，從美國搬回臺灣儼然成爲在美華人ＩＣ產業的重要趨勢之一，尤其是臺灣在無線通訊設備組裝與銷售逐漸在世界市場上嶄露頭角，甚至取代國外大廠以後，愈來愈多人對無線通訊領域感興趣。過去相關人才幾乎都在美國，所以當美國相關的通訊、無線技術等類型人才大量回歸臺灣以後，這類的領域馬上就成爲熱門的創業題目！

實力與機會比架勢重要

在將美國公司搬回臺灣這方面，達利已在國內的創投業界建立了一些基礎，加上傑夫經常往返美國矽谷與相關領域的創業者會面聊天，也經常受邀爲初創公司或是育成中心座談會介紹臺灣創業環境及創投業，這樣也逐漸打響了達利的知名度。所以只要是與無線、通信相關領域，或是想將公司從美國搬回臺灣的創業者，不管是需要「錦上添花」或是「雪中送炭」，抑或只是想了解創業的現狀環境等等，基本上都會主動尋求達利的合作。當然了，達利也會趁這個機會主動出擊，勤於掃街；傑夫和畢修與所有的AO每天都在科學園區、新竹周圍、竹北、內湖以及南港地區打轉，非全部拜訪到這些相關的IC公司才行。全贏科技就是這樣由掃街掃來的。

其實在來這裡之前，傑夫和畢修已經聽許多人談過這家公司，很多人都說全贏在相關的領域是技術進展最快的。今天聽高總的介紹，看來果然是眞有這個「架勢」；可是對達利而言，關鍵點卻是在於全贏有沒有這樣的「實力」？以及市場有沒有這樣的「機會」？

「嗯！」高總經理清清喉嚨，暫時休息一下，順便看看傑夫和畢修的神情與反應；他隱約有種感覺，眼前這兩位客人似乎有些奇怪，聽了全贏這麼好的機會介紹後，雖然也是點頭不已，可是似乎沒有被「說服」，心裡因而有些納悶。

坐在桌子另外一邊的傑夫和畢修雖然對創業者的自吹自擂早已視如家常便飯，見怪不怪了；可是高總經理神態舉止所流露的自負與自信還是讓兩人印象深刻。是因爲未來無線網路是個有展望的產業，所以讓高總經理躊躇滿志？還是全贏科技果眞有傲人之處？這就是傑夫和畢修想要驗證的地方了。

叫我臺灣第一！

畢修看高總停下來，顯然是介紹到了一個段落，等候達利提出問題了。他將眼光由牆上的投影簡報資料移到對面的高總以及幾位全贏的主管，說道：「高總，你說你在無線領域技術是臺灣第一，聽起來果然有這個架勢！」說到「第一」兩字，畢修還特意加重語氣；高總以及全贏科技的幾位主管一聽這話都笑了起來，露出一絲得意的笑容！

不過畢修話鋒一轉，「我不了解的是，『只有一項第一』夠嗎？」不等主人反應過來，畢修接著又說：「就拿無線區域網路（WLAN）來說吧，我看必須同時包含好幾個晶片在內，例如無線通信（RF）、通信多通道管理系統（MAC），以及通信基頻（Baseband）等，這還沒有把其他部分，像是功率放大器（power amplify）的整合算在內呢！光看這三、四個晶片必須整合在一起，就算你的RF是第一，又有什麼用呢？」《達利教戰守則》標準問問題的方法「先肯定再質疑」的技巧在畢修嘴裡發揮得恰到好處！

高總經理聽到畢修這話似乎有些挑釁的味道，還處在方才被捧場氣氛的他一時有些錯愕；一瞬間，馬上又見他胸有成竹地看著兩人，神態自若，頗爲驕傲地回答：「你只知其一不知其二！我們不只RF做得好，PA也相當不錯的！實際上我們同時也開始著手設計MAC和Baseband了！要不了多久的時間，我們這幾樣產品都會出來，到時候我們就會在整合型無線通訊領域裡穩站第一名的啦，連國外大廠都不可能跟我們競爭的！」嘿，高總的自負果然其來有自！全贏科技的氣焰哪是一點點挑戰就能降溫的呢？

「哦？」傑夫和畢修也不是三兩下就可以唬弄得了的人。兩人雖然禮貌地點點頭，看來像是稱讚似的說：「嗯，四個晶片同時做，那倒不簡單！」其實他倆心底眞正的想法是：「四顆晶片同時做？說來容易，做起來要你的命！」而且兩人在這個問題上是絕不會讓對方輕鬆過關的，果然畢修馬上接著問：「四個晶片同時做，你們有這麼多的技術人員嗎？」這是實際的問題了，所有的初創公司技術再好，都會有人力與資源的問題。

這一問，高總經理乾脆爲兩人詳盡地介紹了公司的結構；這才是畢修問問題的主要目的，與其問他們組織結構，不如逼他們自己說，尤其是全贏科技幾個創業者都是從美國回來的技術人員，全贏在美國、臺灣都設有公司，兩者之間如何協調？光是技術接軌就是很大的挑戰；何況在美國的開發成本高，大家飛來飛去的溝通怎麼可能做得好？成本怎麼可能低得下來呢？

很多美國矽谷回來臺灣創業的人都希望做這樣安排：把公司設在臺灣，然後在美國又留個研究公司，所有的主要幹部都是搭飛機通勤，兩地跑；這樣不但可以維持美國的高薪，又可以在臺灣打市場，最重要的是又可以在臺灣募到足夠的資本，一舉數得。可是由另外的角度來看，卻又會有溝通、管理以及成本居高不下的問題……所以達利的兩個人想要知道全贏是怎麼安排的？尤其是全贏科技所開發的技術領域這麼廣泛，兩地的人員安排與管理必然是個大問題。

果然，全贏科技在美國還設立了一個研發公司，所有負責開發核心技術的關鍵技術人員都還是在美國上班；然後在臺灣另外招募了一組人，這些人負責改良美國工程師所開發的核心技術，並且配合其他的合作廠商，合作修改，同時負責臺灣客戶的服務（FAE）。總之，重要的幾位創業者果然是美國、臺灣兩邊飛來飛去！

「空中飛人」的承諾？

畢修看看傑夫，傑夫點點頭，兩人默契十足的眼神交流後，畢修依照原來套好的招式繼續第二套問題。

「你們這些人兩邊飛來飛去，但其實客戶都在臺灣，foundry（晶圓代工部分）也都在臺灣，是不是有將公司搬回臺灣的計劃呢？」畢修問。

畢修之所以這樣問，是因爲自從二〇〇一年美國的資本市場逐漸不利初創公司申請上市後，使得創業資金籌措愈來愈困難，所以很多技術公司紛紛回臺灣找錢。

可是臺灣的投資者也不是省油的燈，既然看到這個趨勢，便要求這些創業人員必須把公司搬回到臺灣來。有些公司在過渡時期還可以留些研發人員在美國，只把應用開發以及客服、銷售移回臺灣；可是這樣的安排還是有很多的問題，所以在投資者的壓力下，愈來愈多的公司都整個搬回臺灣來了。

看來全贏科技還處於兩邊跑的模式。至於全贏科技會不會整個搬回臺灣呢？高總經理似乎不以爲這是重要的，他回答說：「其實地區不是我們的限制，我們到哪裡都可以同時工作，現在科技與通信這麼發達，所以辦公地點搬不搬回臺灣根本不重要！」

傑夫聽了以後不做聲色，稍微點了點頭，表面看來似乎同意高總經理的話，其實不盡然，他只是想知道對方眞正的想法，並沒有意思要在這個問題上面與對方爭論。對傑夫而言，這個問題早就爭論過好多回了；最近達利才與幾位來往密切的創投業者辦了一場祕密研討會，討論的主題就是美國的創業者回臺灣後的症候群，其中最大一個症候群便是：「頭在美國，腳在臺灣」的問題，意思是說很多美國矽谷的創業者雖然面對資金、市場的壓力不得不把公司搬回臺灣，但整個思考模式都還停留在美國，老想著過去的技術股和待遇，還有在美國的生活。

對這些人而言是環境所迫不得不回臺灣，因而都有些心不甘情不願，反正現在只有臺灣募得到錢，所以就回去吧！不過倘若要他們把整個家庭和事業都搬回臺灣的話，他們還是不願意的！

然而從達利的角度來看，如果趨勢已經由美國移到臺灣，而市場也都在臺灣，這些創業者已經不可能再搬回美國了。在達利看來，初創公司由美國搬回臺灣其實是個不歸路（one way ticket）的選擇；既然是單程票，如果創業者人在臺灣，心卻還遺留在美國，遲早會出問題。所以達利對這類「空中飛人」的創業者還是顧慮多多。

最重要的是創業者對臺灣的公司到底有沒有「承諾」（commitment）？萬一創業者「喫碗內，看碗外」，懷著騎驢找馬的心態，只要碰到更好的機會馬上會跳槽，或是美國的景氣一旦反轉，這些人馬上就又想要回美國另覓工作，丟下個空殼子公司給投資者接手，這對投資者而言當然是慘不忍睹，所以達利最怕碰到這種創業者。

當天與會的創投朋友把這種空中飛人的初創公司分成兩類：第一類的創業者，徹底認清趨勢，肯定臺灣未來的發展，只是目前還有所限制，不得不回美國處理後續事情、逐漸搬回來，等過了幾個月後就將公司整個搬回臺灣；另外一類是「打帶跑」的創業者，腳雖然在臺灣，但整個腦袋與想法都還是在美國。這兩種創業者由外表看來都相同，可是內心的出發點完全不同；當然了，這兩類人的承諾也大不相同；成功的機率自然也受到很大影響。因此，只要是從美國搬回臺灣的公司，達利都會問這樣的問題。

依照高總經理的回答，傑夫雖然不置可否，不過他心底可明白得很，高總經理的說法其實眞正的意思是：「我不會想回臺灣的！」這一來，高總對臺灣的公司到底有沒有承諾呢？嗯，這倒是値得商榷了！畢修和傑夫交換了個眼神，倆人心裡留下一些疑慮。

會談進行了許久。整體看來，全贏科技不論是產品的發展、技術人員的背景，或是領導者等方面都是一時之選，怪不得一談起相關領域，很多人都會提到全贏科技。等高總經理把公司簡介最後一張投影片打在白色銀幕時，高總用很驕傲的語氣做出結語；傑夫和畢修也頗爲驚訝，因爲面前的銀幕上顯現幾個大字：「We are the No.1!」好大的口氣！

「嗯，這幾個『字』倒是寫得四平八穩，氣勢十足。」傑夫含笑地讚美。

「謝謝。」高總經理總算眞正地笑了起來。

不過傑夫這句話指的是「字」本身寫得好呢？還是全贏科技的「實力」好？會議當時除了他自己以外，誰也不會注意到傑夫到底是哪個意思吧！

「臺灣第一」還不夠嗎？

會談結束，傑夫和畢修告辭後，兩人在回程途中，照例針對全贏科技討論一番。談著談著，傑夫突然問畢修：「你看這家公司是不是眞如高總所講的這麼好呢？」

「看起來是不錯，叫他第一名應該是名至實歸！」畢修回答。

傑夫聽了不置可否，轉頭望著窗外，看似對著車窗外急速飛馳的街景出神；沒多久，他突然又掉過頭問了畢修一句話：「臺灣第一夠好嗎？臺灣第一是好還是不好呢？」

畢修一時無法理解傑夫怎麼會問出這麼無頭無腦的話。臺灣第一當然是好，怎麼會不好呢？在IC設計的領域上，「The winner takes all!」第一名可說是必要條件。現在IC設計產業的競爭環境和以前不一樣了，以前或許還有幾家可以存活，現在可不同了，尤其是主流市場，基本上只有一、兩家可以存活，第三名以後根本無立足之地。想到這，畢修的眉頭不自覺皺了起來。

看到畢修皺攏的眉頭，傑夫了然一笑，他當然沒忘記臺灣第一幾乎是達利投資的必要條件之一，不過……「你看全贏科技是臺灣第一，今天高總所展示的資料，他們並沒有和別人合作的意圖。事實上看他們幾位創業者的語氣，似乎他們對臺灣其他同業也不怎麼看得起。」

「如果他已經是第一名，又何必浪費時間和精神去跟二、三名合作呢？」畢修有些不以爲然地反問。事實的確如此！一般人之所以會合作，不就是因爲技術或產品互補；以全贏科技的現狀來看，其他人根本望塵莫及，他哪需要跟別人合作呢？

所以畢修很自然地又接著說道：「況且他在這幾個領域都是臺灣第一了，還有什麼好顧慮的呢？」

沒想到傑夫卻搖搖頭，「不盡然！即使什麼都是臺灣第一，可是市場情勢的發展未必如他想像中那麼順利吧？」

傑夫向來是從比較悲觀主義的角度看事情，這一、二十年來，不僅畢修察覺到了，連傑夫的老婆在和朋友聚會的時候都會這樣形容傑夫的思考邏輯，所以畢修也不再接口。車裡頓時靜了下來，兩人各自想著全贏科技這家自稱臺灣第一的公司到底實力怎麼樣？值不值得投資？這才是關鍵呢！

第二天。

畢修和傑夫一大早就進了公司。畢修端著開水，踱步到傑夫的辦公室，興沖沖地說：「昨晚我想了想，關於你問的『臺灣第一對全贏科技到底好或不好？』這個問題，我有一些想法。」

傑夫一聽，眼神瞬間發亮：「哦？其實我也有一些想法，不如我們來聊一聊吧！」

說罷，畢修拿起白板筆，馬上在白板上寫了第一個看法：「**大環境演變**是重要的考慮因素之一。」

傑夫連連點頭，「同意」。

雖然大環境演變在大多數人看來似乎是個很空泛的名詞，但是傑夫和畢修都很清楚，在ＩＣ設計的領域，大環境包含許多技術演進、市場演變、美國與臺灣在技術市場上的消長，以及人才演變和供需等現況，這些環境因素往往決定了這個領域到底是「兄弟登山，各自努力」，是一家獨大、獨家通吃呢？還是大家必須合作共同努力才能存活下去？目前看來，ＷＬ

AN相關的IC市場幾乎很有可能會移到臺灣來了，因此誰能早日出頭，完全看技術領域的掌握度如何。在這個應用上，看來全贏科技是比較有利的。

畢修又寫了一個：「**『世界級的』競爭者未來的競爭手法**」。

這下傑夫更為佩服了！IC設計的領域是很特別的，並不是閉門造車就可以了，你必須知道誰是你的對手，摸清楚你的對手怎麼動作，用什麼方式跟你競爭。萬一對方財大氣粗，來個殺價競爭，你的產品還沒出來很可能就胎死腹中了！

畢修對傑夫解釋道：「在『競爭者』這項因素上看來，對全贏科技是不利的。

第一，全贏科技的競爭者都是**世界級**的大廠，而且全贏所打的WLAN還是國外大廠的生命線（Bread and butter）所在，也是他們目前業績的主要來源，因此這些國外大廠絕對會拚死保護自己的既得利益，以及保護既有的市場佔有率；除非他們能夠想到一個更有錢賺的領域，把主力移走，留給臺灣。

第二，近年來國外的IC廠商比以前靈活太多；往昔國外IC廠商動作慢，價錢沒有轉圜空間，而且與客戶的配合度也不佳，每每要客戶修改設計去配合他們的IC，反倒是臺灣的IC設計廠商可以依照客戶的需求修改IC，因此過去不論是在與客戶的配合度上或是在調整價錢的積極度上，國外廠商經常都會留下許多可乘之機讓臺灣IC設計公司攻城掠地，而佔有一席之地。近兩年來可大不同了，國外的IC大廠在價格的反應上往往殺得比臺灣廠商還兇悍，而且一殺就是幾十個百分點，讓原來的客戶根本不想用臺灣廠商的產品；加上新產品一開始時總是會有不穩定的顧慮。於是ＩＣ的客戶又回頭繼續跟美國或日本大廠打交道。

畢修低頭想了想，「還有一個因素。」

「還有哪個？」傑夫問。

「策略選擇！」畢修簡短有力地說。

「哦？願聞其詳——」傑夫很好奇地說。

畢修解釋道：「我看不清楚全贏科技未來的策略與資源的主要走向到底往哪邊走？既然該公司許多領域在臺灣都是第一名了，是想獨力走出自己的一片天呢？還是願意跟別人合作？看起來實在是沒有理由與別人合作；可是不與別人合作，等國外大廠一殺價，全贏也未必有機會上壘吧？」

「到底全贏科技對策略夥伴的必要性與看法如何？……唔，上次我們沒有問到這一點；不過等一陣子就可以驗證我們的想法對不對，或是等他們上門以後再說吧！」傑夫說。

大張旗鼓走向被購併之路

另一方面，高總經理對達利投資全贏與否其實是懷抱著期望的，雖然說全贏現在已有一些投資者，可是在WLAN這領域四線——包含RF、PA、Baseband和MAC——同時開發可是需要相當多資金的，所以高總也在猜測達利的意向如何。不過經過兩個星期了，也不見達利有任何後續的動作，高總因而主動邀約，希望到達利拜訪。

約莫一個星期過後，高總經理和一名財務主管林經理親赴達利拜訪。

傑夫等來客坐定後，非常客氣地說：「我們對貴公司是很感興趣的，當然我們對你們現在的投資者也略有耳聞。既然貴公司現在的 position（地位）已經是臺灣第一，所以今天我們想了解你們整體的策略方向，以及與同業合作的看法如何？」

傑夫的開場白才結束，畢修揚了揚手中的雜誌，雜誌的內容正好是某個國外駐臺分析師對WLAN所做的分析，全贏科技也在報導行列中。「你們看到這篇報導了嗎？」畢修問。

高總經理和林經理看了看雜誌的封面，高總的氣焰更盛了，非常自豪地說：「當然！你看，現在連國外的分析師也注意到我們了。對了，達利的書不是提過，一個公司要推展的時候應該主動找分析師介紹公司的狀況；現在你們看，既然國外分析師都已經把我們列入注意對象，這應該是很好的肯定，是不是！」

「當然，當然。」傑夫連連點頭；這個回答讓大家興趣高昂起來，看來會是個賓主盡歡的討論了！

興頭一起，高總經理更有勁地高談闊論起來：「其實這就看出我們公司的策略了！可以分幾方面來說：

一、現在我們積極增加媒體的曝光率，也讓分析師了解我們。

二、在產品上我們也預備開始出貨。

三、雖然現在還是少量出貨，但我們在市場的造勢做得很大。

四、同時我們也積極拜訪客戶，讓客戶清楚我們產品的狀況。

到現在爲止進展都算順利，客戶也都有很高的接受度。理由是明顯易見的，因爲做WLAN設備的廠商都在臺灣，與國外的公司比較，我們在價格上的優勢是不容置疑的；何況我們的技術發展與世界大廠同居一流，所以……」高總刻意停了停，舞動雙手，加重語氣宣佈：「所以，我們的前途可說是一片大好哪！」

「這樣聽來，你們預備大幹一場囉？」傑夫張大眼睛，問道。

「當然！」高總與林經理同時點點頭。

「你我都知道WLAN是主流市場（main stream），這需要非常多資金支援才行，這一部分你的看法又是如何？」傑夫再問。

「資金需求倒是不用擔心，公司既有的投資者對我們都是充滿信心的，我們要找新的投資者也不是那麼困難就是。」高總經理的回答倒也中肯。

傑夫點點頭，繼續發問：「那公司以後怎麼樣？預備走IPO（initial public offer，上市上櫃）嗎？還是可能會走購併（merge）一條路呢？」

「我們一方面自己往前走嘛；一方面也不排斥被 merged 的可能性就是。我們都可以談嘛！」高總回答。

在一旁靜靜聽著的畢修突然插嘴：「哦？你認爲在WLAN的領域，那些大廠自己都有自己的產品，還會想走購併這條路嗎？」

「我認爲他們不得不這樣考慮的！你們想想看，過去WLAN都是他們的禁臠，吃香的喝辣的好幾年囉！現在可好了，我們一進來以後，整個市場的生態都被我們打亂了！過去他們認爲我們不會成氣候，更不可能造成他們的威脅；現在不同了，既然連分析師都看到我們，這些大廠更會注意到我們吧？事實上我們最近在市場上的進展很順利，市場上我們已經成功地發出一些 noise（市場干擾），我們也聽到一些客戶反應說這些國外大廠對我們很感冒呢！」

傑夫再點點頭，「對，看來全贏科技對他們的生命線是造成了威脅！由此看來購併是有可能的，因爲購併的理由之一就是消除競爭者嘛，是不是？這樣很好啊！如果他們找上門來，你們把公司賣給他們，可以快速獲利了結，大家也不必那麼辛苦了，對不？」

高總經理帶著驕傲的笑客套地說：「這只是考慮之一啦！我們自己還是得努力走出一條路才行！」

接下來雙方四個人繼續談全贏科技現在的發展狀況，雙方談得非常高興。等到話題告一段落，高總經理和林經理告辭離去，畢修和傑夫送走客人後，傑夫若有所思地告訴畢修：「我們倆再聊一下吧！」

「以戰逼和」，逼人來購併？

兩人折回會議室，傑夫關上門，嚴肅地問：「畢修，高總經理剛剛提到『被購併』這條路，你看他們是被動的樂觀其成？還是主動尋求？」

畢修想了想後回答：「照理說**現在資金市場要找到這麼多錢絕對會有些困難**，雖然全贏科技是臺灣第一，但是與國外大廠比起來還是差了一大截，他們自己應該心知肚明。依照高總經理的說法，我感覺他們是在『以戰逼和』，攪局爲手段，行銷爲造勢，目的是在讓人購併嘍！」

傑夫點點頭，「是呀，你看我們談起公司的資金需求以及既有股東的支持度等等，每次高總講得口沫橫飛的時候，我看坐在旁邊的林經理臉上的表情總是有些忐忑不安，嗯，兩個人的態度怎麼看就是有點不搭調。」

畢修皺皺眉，「我倒沒有注意到……」

傑夫沉吟了幾秒，輕輕搖搖頭說道：「或許是我多心吧……沒關係！再說，現在WLAN設備的製造商雖然都在臺灣，可是晶片的供應來源九十五％以上都還是以美國廠商爲主，雖然全贏科技是臺灣第一，他們的一些行銷動作也會對國外大廠造成騷擾與威脅，你看國外大廠會不會慎重地考慮購併全贏科技，省得有人攪局呢？」

畢修低頭想了想，邊思索傑夫的話，邊提出不同的思考方向：「我想先不談國外大廠會不會購併全贏科技；我們應該先談談一般公司在考慮購併其他公司的時候所考慮的理由是什麼？你過去也參與過許多購併的機會，你有什麼想法？」

傑夫倒是胸有成竹地回答：「一般來說，購併別人應該有幾個個理由：

第一，對本身既有技術、產品或人才的互補考慮（complementary factor）。

第二，消除競爭者的因素（disable competitors），因爲不喜歡第二名攪局，所以把所有競爭者買下，省得囉唆！

第三，聯合次要敵人打擊主要敵人，也就是說第二名和第三名合作擊垮第一名，這也是促成購併的原因之一；個人電腦領域不是存在很多這種實例嗎？」

畢修再問：「那你看購併後的結果，成功的機會有多少？」

傑夫臉色沉重地搖搖頭，說：「據我所知，購併成功的例子並不多，弱者跟弱者結合想除掉第一名是不可能的！至於產品、市場、技術和人才的互補，雖然可行性較高，不過就人才互補來說，人並不容易留住，尤其是購併後文化的差異，而只要人一走，技術當然就不存在了；市場的互補雖然存在，卻是短期的；所以購併的重要關鍵在於人能不能溝通、能不能相處融洽，不然就問題重重了。至於第二種的購併就沒有成不成功的問題了，買下就可以消除競爭者啦！」

畢修回答：「沒錯！你看前一段時間做路由器（router）的A公司不是買下B公司嗎，結果落得兩敗俱傷的下場；本來期望兩家合併後可以一加一大於二的，結果反而一加一小於一了，搞得兩邊人才紛紛出走，連上市都延後了好久，看來元氣大傷。」

「唉！」傑夫輕輕嘆口氣，一副世事總不盡如人意的喟嘆，「我們再回過頭來看美國大廠會不會購併全贏科技吧！」

「依照你方才所分析的，美國大廠和全贏科技的技術互補嗎？其實並沒有，他有的人家都有；人才呢？也沒有，美國大廠根本不需要全贏的互補；所以唯一的理由就是消除競爭者了。」畢修條理分明地分析。

「嗯……那從消除競爭者這角度來看，美國大廠會有興趣購併全贏科技嗎？」傑夫才問完，對視的兩人同時搖搖頭：「不會！」

「根本不可能！因爲競爭者消滅不了！」傑夫先搶著說，「想想看，全贏科技現在是臺灣第一，但是臺灣在WLAN領域開發的公司有多少家？總有二、三十家之譜吧！假設美國大廠今天購併了全贏科技，把臺灣的第一名消除了，可是臺灣第二名不就又會蹦出頭嗎？這些大廠能有多少資金和興趣繼續買下去？再說吧，一家公司會採取購併以消除競爭者的方法，多半是因爲該市場是寡佔市場；WLAN可不同了，所以我看機會不大。」

畢修嘆口氣，「這樣一來，高總經理整個策略顯然不夠實際！」

傑夫點點頭，「嗯，依據我們的討論，他的策略是有問題的。因爲全贏是臺灣第一，依照高總的講法他不會和臺灣其他的廠商合作，因爲每一家都不如他，至少他是這麼認爲。所以他必須保持第一名，又必須不斷推出新產品，不斷地產生市場噪音（market noise），創造被美國大廠購併的必要性與可能性；可是美國大廠根本不會有這樣的動作，這樣一來，**全贏科技的資金供應必然成問題**！

你我都曉得繼續開發WLAN相關的產品需要很多資金，高總經理有多少錢能維持現在的開銷？他的公司起碼有六、七十個人，現金需求一定不小。再說最近整個創投產業的環境和往昔完全不一樣，可說是慘不忍睹，所有VC要不是把錢留在手上不投資，就是集中心力挽救已經投資的公司，全贏科技現在既然已經取得臺灣第一名了，增資的股價必然不低，所以我看新投資者也不肯高價進場！照這樣推斷來看，全贏科技可能會很尷尬喲！」

傑夫想了想，又提出假設性問題：「如果你是原來的投資者，會不會繼續出錢呢？」

「這很難回答。」畢修面有難色，「如果我認爲全贏很有被購併的可能性，當然會繼續出錢，比較容易獲利了結了；不然的話嘛……難講。」

「但是如果我們的推論對的話，全贏科技想要被購併的想法是不可能成功的；我們想得到，難道全贏科技現在的投資者想不到？」傑夫緊咬著這話題不放。

「是呀，不過現在的投資者已經上船了，如果不再丟錢的話，豈不更慘？」畢修雙手一攤，一副虧大了的慘狀。

「當我想到高總經理說的要全面開戰，不斷產生 market noise，我隨便估計一下，客戶群多了，他的ＦＡＥ、銷售人員、技術人員都必須再增加才行，以現在六、七十個人的規模，照理說還不夠撐起像樣的場面呢！」

花血汗錢陪公子打馬球

談論到這裡，畢修突然不再說話，沉默了許久才再度開口：「傑夫，你記不記得以前我們遇過美國公司『續通』的案例？（見《流氓創投》，商智出版社）」

「當然記得！」

說起這續通公司，當時就是一心想被購併，所以公司硬是得維持相當的規模，包括公司的功能和部門的組織等都必須齊全；不僅如此，價格還要求很高；找錢卻又不容易，弄得不只面臨「時間」這強悍的競爭對手，還要花大錢維持門面。

「全贏現在不也走入同樣的死胡同，雖然是臺灣第一，可是以整個競爭市場看起來，我看還是有些像是花血汗錢『陪公子打馬球！』」

傑夫忍不住笑了起來：「對，沒錯，是有點像陪公子打馬球。他其實家裡已經沒什麼錢了，可是還要撐著門面陪公子哥玩上一場；**其實也是因爲全贏已經是臺灣第一了，這才有資格陪外國廠商打馬球呢**！光維持這身門面就得花不少錢耶！」

是啊，怎麼不是呢！美國大廠在WLAN的領域上已經賺到很多錢了，它們可以慢慢陪臺灣廠商玩遊戲；臺灣廠卻沒有選擇的餘地，必須遵照對方的遊戲規則。對臺灣廠商來說，窮盡家當才能打那麼一場球；可是國際大廠可是隨時可以打球，它們根本不在乎。總之，用自己的錢陪國際大廠打球，必須要贏才行，否則就只有說再見了。

想著想著，兩人不禁都沉默了。難道沒其他辦法嗎？

「畢修，如果你是高總的話，你能夠怎麼做？」傑夫忍不住問。

畢修斟酌了好久，最後搖搖頭，有點絕望：「很遺憾，倘若我是他的話，我也無路可走……」

傑夫收斂臉上殘留的笑，「對，臺灣第一讓高總無路可走！因爲他是臺灣第一，所以他不能跟其他廠商合作，也不需要跟別人合作。因爲他是臺灣第一，爲了維持 market noise，爲了增加市場佔有率和知名度，所以他就必須大張旗鼓，就需要增加很多人力，讓R&D疲於奔命，可是能夠產生的業績卻不成正比。因爲他是臺灣第一，所以高總經理提出如此的策略，反而可能因而害死自己。」

畢修聽完，考慮了一下，提議道：「這些都是我們自己的看法，要不要問問別人的意見呢？」

「說的也是！」

哪個創投是傻瓜？

隔天，傑夫和畢修的身影出現在另外一家企業投資者（corporate investor）的公司——H創投，兩人特地前來請教對方對全贏科技的看法。

果然沒找錯對象，H創投對全贏也相當有研究。H創投既然與達利有許多交情，所以H創投的L副總也爽快地告訴達利他們對全贏的看法……

「全贏科技是臺灣第一這句話並沒有什麼問題，不過在未來的方向上，如果他們想自己走出一條路，這條路可是非常漫長，需要的錢太大了；如果他們想被購併的話，根本不可能！」

看來H創投的看法和達利的完全相同。

「你們有興趣投資全贏科技嗎？」更巧的是，兩家創投都問對方同樣的問題，而竟然也都是同時搖搖頭。

看來臺灣第一還是不夠的！

選錯了題目，第一也枉然！

當傑夫和畢修從H創投告辭之後，兩個人慢慢走向停車場，心裡都有些複雜。

「難道臺灣第一是錯的嗎？」畢修懊惱地問。

「唔……應該不是這麼說……臺灣第一其實沒有錯吧！」傑夫的語氣似乎有些牽強。

「可是爲什麼臺灣第一會得到這種結論呢？」畢修的聲音掩不住困惑。

傑夫看看畢修，欲言又止，其實這也是傑夫心底想問的問題。這樣的結論也難怪讓人百思不解了。從投資者的角度來看，IC設計公司只有第一、二名有存活的機會；現在全贏取得第一的位子了，在各個領域都領先其他廠商，可是爲什麼第一名反而走進死胡同呢？那到底該怎麼做才對呀？

一個初創的IC設計公司難道不該爭取臺灣第一嗎？可是爭取到臺灣第一反而讓創業路山窮水盡？這又是怎麼一回事？連傑夫與畢修都感到迷思了。兩人帶著困惑不已的心情上了車；奈何之後車子走了許久，兩人依然解不開疑慮，眼看車子就要回到達利了。

傑夫突然靈機一動，提議說：「我們請教一下N君吧！」說時遲那時快，傑夫馬上撥通N君的電話，廢話也不多說，略述事情原委後馬上開門見山問了一句話：「爲什麼全贏科技這個臺灣第一名的公司反而走進死胡同？連我們都想不出怎麼解欸，只好請教您啦！」

電話彼端傳來N君的笑聲，「你們又來考試了！還好敝人有所準備！其實答案很簡單，WLAN這個題目本來就是財大氣粗、資本雄厚的人才能做的，根本不適合做為start-ups創業的題目啦！」

「哎呀！」傑夫狠狠拍了自己大腿一掌，眞是一語驚醒夢中人！費了許多腦力，**原來問題出在創業所選的題目上**，這影響眞是巨大哪！可不是嘛！高寒總經理所選的領域不僅需要深厚的技術功力——因爲牽涉到RF、PA、Baseband和MAC——理所當然需要雄厚的資金，除非有其他事業支援，提供源源不絕的現金資助未來的發展，不然恐怕燒掉好幾億資金後也未必能獲得理想的進展。換言之，這種遊戲是有錢的大廠商才玩得起的；初創公司根本玩不起！

要怪哪就怪當初選的題目不對吧！

後記

事隔多時。每次傑夫與畢修談起這個案子的時候都會有許多的感慨，都會爲高寒總經理叫屈。

平心而論，現在創業題目實在是不多了，對有實力的初創公司而言，當然選些主流產品才會有夠大的市場潛力，創業才會有前景；可是一旦選了主流產品，就像全贏吧，取得了臺灣第一卻反而成爲誤事的主因，這些問題包括不屑也不能與別人合作、被逼得擺架勢依照國外大廠所設立的遊戲規則來玩資源消耗戰！創業的人辛苦，投資者卻還是卻步不前！

眞沒想到，過去是不選主流產品沒有人會感興趣；現在卻是因爲選了主流產品所以創投不敢投？環境怎麼變得這麼快？要說他們選錯題目實在是有些苛責；如果他們選的是小搞搞的話，不是更難吸引到投資者嗎？

選大題目會掉入臺灣第一的迷思與陷阱；選小題目引不起投資人的興趣。進退失據，創業還能搞嗎？

7

團隊篇

夢幻團隊難尋，難組

創業者看自己是百戰雄獅、互補長短的理想夢幻團隊；

可是就投資者看來卻成了臨時成軍的牌搭子團隊。

一開始雄心萬丈、興致勃勃的合夥人，

爲什麼不堪創投的「三兩問」就分崩離析？

【迷思點】

創業者看自己是百戰雄獅、互補長短的理想夢幻團隊；可是就投資者看來卻成了臨時成軍的牌搭子團隊；這該從何說起呢？

一開始雄心萬丈、興致勃勃的合夥人，爲什麼不堪創投的「三兩問」就分崩離析？是創投的挑戰太難過關呢？還是創業者自己原本就是一盤缺水、缺混凝土的散沙？

「經營團隊」是創業最重要的成功因素，可是夢幻團隊卻是可遇不可求，創業何其難也！

【故事主角】

艾當頭和愛德華：從美國歸來的兩個創業者

達利的會議室。艾當頭和愛德華這兩位創業者登門拜訪，傑夫很友善地歡迎這兩位訪客；而這兩位訪客自坐下後也很專注地看著傑夫，身爲創業者，與創投第一次的見面氣氛總是混合著好奇與陌生。

雙方互相注視，各自都在心裡盤算要怎麼開口……

就傑夫來說，艾當頭和愛德華先前送來的郵件（E-mail）及畢修寫的訪談報告已經將兩人的背景、學歷和經歷介紹得很清楚，兩個人在RF（radio frequency，無線通信）領域都有多年資歷，看來合作創業倒也登對；雖然畢修的訪談報告裡對這個正在籌設的公司評價多有保留。不過因爲兩人創業所要進行的題目RF是目前市場上最熱門的題目之一，加上兩人又都是系出名門，在大公司做過多年的主管，所以傑夫認爲實在是應該再給他們一次機會才對。

雙方坐定，傑夫感覺艾當頭和愛德華兩個人似乎有些緊張，所以就先輕鬆地問道：「你們怎會想到要創業呢？」這是《達利教戰守則》「初次見面該問的問題題庫」中的第一個開場白。

當初傑夫與畢修兩人設立達利投資的時候，之所以把這個題目視作第一是基於以下理由：

第一，大多數剛創業的人都很喜歡說自己創業的理由，這個題目屬於創業者喜歡講又可以發揮的題目，因此以「爲什麼創業」爲問題往往可以讓訪客打開話匣子，而只要來客說個不停，傑夫就可以從中找出更多的衍伸問題，也可以藉此了解與觀察經營團隊相互之間的互動關係。

第二，初創公司經營團隊裡的每個人創業原因都可能不盡相同，有人希望藉此發財，有人是因爲在原來的工作不得志，有人則是想要實現理想；而不管是什麼理由，都是這些人離開原來工作一起創業的最根本的基礎，這就像樹木的根一樣，根若是出了問題，澆再多水施再多肥亦是枉然。所以當創投的人一定要先找出創業者之所以要創業的原因，才能估計這家初創公司以後能不能成長茁壯。

第三，達利總希望創業的理由是整個經營團隊所認可、達成共識的。如果經營團隊對於創業的理由各有不相同的看法，很可能在創業過程中遇到一點點困難就輕易地改弦易轍、中途轉向，這對創業者固然不好，對投資者而言更是註定賠錢，所以還是預先弄清楚得好。

夢幻組合？還是臨時湊數的牌搭子團隊？

「我創業是因爲我看好RF未來的市場！」已經有過創業經驗的艾當頭率先回答，「從技術領域來看，RF未來在個人及家庭的電子器具應用市場都扮演了重要的角色，而在這項技術上我有相當的經驗，而且我已經申請了一、兩個專利，這對創業很有幫助！」自信表情表露無遺。

傑夫點點頭，有意地轉過視線看向愛德華，再問同樣的問題：「愛德華，你呢？你又爲什麼想要創業？」

「喔，我的原因其實和艾當頭差不多，當然也是看好RF這個領域了。」愛德華看了看艾當頭後，繼續說：「其實我在這項技術上也累積了不少經驗，過去十年幾乎都是在這個領域裡面研究，最近想想再不出來創業，將來就愈來愈沒有機會創業了，所以艾當頭跟我提起共同創業的邀請，我想了一下覺得這是一個好機會，所以就答應一起來做……不然自己一個人要在矽谷找錢非常困難；自從二〇〇〇年泡沫化之後，所有的創投業者對新案子的投資興趣都不太高似的……」

「對啊，就是因爲我們都看好RF這塊領域，而且你看我們兩人的經驗與技術背景正好有互補的功用，所以一拍即合，想要組成一個夢幻團隊一起創業……」艾當頭怕愛德華說太多兩人過去這幾個月在美國找錢進展不順利的事情，趕忙打岔，連忙問說：「不知道達利對RF有沒有興趣？肯不肯投資我們？」說著說著，艾當頭以充滿期待的眼神緊盯著傑夫，連坐姿也表現了期望。

「還沒說兩句話就這麼急煎煎地要我們表態？」傑夫在心裡回答；不過依然面露微笑，繼續不動聲色地望著對方兩人，心底接著浮現幾個問題：

第一，這兩個人會不會有那種「因懷恨而創業」的情結？

第二，看經歷，這兩人雖然都在同一領域做事多年，可是從來沒有共事過，怎麼會湊到一塊？

第三，艾當頭和愛德華合夥設立新公司，這公司到底是誰說的算？是誰的舞臺？是兩頭大？還是各自爲政？還是兩人共事？以後有衝突的時候如何解決？

傑夫的視線看著兩人，有些猶豫該不該直接問這幾個相關的問題，雙方剛見面，才說幾句話就問對方一大堆問題會不會把人嚇跑了？想了兩秒鐘，還是決定先聊聊其他「花邊」再說吧！

對創投業者而言，聊天是本業，打屁更是每個創投的專長。傑夫於是隨口與訪客聊起一些臺灣的經濟與政治現況，閒聊間聽出艾當頭與愛德華都有好幾年沒回臺灣了，這次專程回來，兩人都已經向原來公司提出辭呈，看來他們對創業是箭在弦上，勢在必行了。

問問題是創投的本能

傑夫私下琢磨著：看來這倒是個好消息，因爲這種創業者比較不會像是出了洞的老鼠——瞻前顧後。既然摸清對方的底線，這就容易談了；遲早必須問這些問題，早問還是比較好，省得浪費他們的時間，況且兩人已經自己送上門來，不問白不問。

創投人就是這樣，逮住機會就盡量問問題！答不答的權利雖然在創業者自己，但問的權利在投資者手裡；只要問了問題，不管對方答與不答，都可以透露出更多投資者所需要的訊息。

對傑夫而言，既然當了創投，就不能害羞怕問問題，更不能怕得罪人。況且對方開口就是百家姓趙錢孫李中少了第一姓——要的是「錢」！既然要投資者的錢，當然就有義務回答傑夫各式各樣的問題，這應該沒錯吧？傑夫始終相信「惟仁者能好人，能惡人」，眞正的仁者是不怕該得罪人的時候去得罪人的；歪理一大堆，反正就是要問問題啦！

「咳！」於是傑夫清清喉嚨，開始拋出第二個問題：「看起來你們兩人的資歷說是『夢幻團隊』四字當之無愧；可是我好奇的是，你們兩個怎麼會湊在一塊創業的呢？」

艾當頭和愛德華聞言互相看了看，還是艾當頭先調轉視線看向傑夫，搶先開口回答，口沫橫飛地對兩人技術和經驗的配合大肆渲染，講了半天還是在技術經驗上打轉，完全沒提到兩人是怎麼認識的以及過去有什麼合作經驗等。

這就奇怪了！一般創業者在組成經營團隊的時候都有兩個基本條件：首先是技術或是能力互補，再加上已經有一段時間的私交；可是聽艾當頭所說的，他們倆竟然沒有眞正「共識」或是「共事」的經驗？這怎麼湊在一起創業的呢？

依照達利的經驗，創業團隊對自己的看法與創投所重視的優先順序是有些不同的，很多夢幻團隊都只是表面文章，實質上還差得遠呢！尤其是創業團隊與創投有許多觀點是不同的，比如說：

第一，創業者認爲自己的技術能力比較重要；可是對達利而言，技術只是基本要求，個性合不合與能不能共事才是眞正的重點。

第二，創業者看的是團隊裡面每個人的能力所在（技術、經驗）；可是創投看的卻是各家個性與人際互動等缺點會不會致命。

第三，創業者重「**未來**功能互補的**期望**」，投資者重視團隊「**過去**互動的**實質**經驗」。

第四，對創業者而言，首要目標就是必須「找到錢」，所有的考慮也都只是著重於找到錢「**以前**」的準備，其他的等錢有了著落以後再想也不遲；可是投資者所關心的卻是找到錢「**以後**」會怎麼運作，所關心的都是找到錢以後的事情。換句話說，兩邊考慮的大不相同。

第五，經營團隊看的是一帆風順，和諧互處，各獻所長；可是投資者看的卻是驚濤駭浪的時候如何還能保持團隊運作；當有所衝突、必須取捨時誰說的算數。這更是不同的思考。

是不是夢幻團隊？衝突裏面顯眞章

爲了進一步驗證來訪客人心中所想，傑夫很認眞地提出了另外一個非常實際的問題：「這公司有衝突或是必須做決定的時候，是誰說了算數？是誰做主？」

乍然聽見傑夫問這樣的問題，艾當頭和愛德華都楞了一下。看來這問題完全出乎他們的意料，兩人面面相覷，不約而同出現幾分錯愕的表情。「什麼？誰爲主？這是什麼意思？」兩人幾乎異口同聲地問。

傑夫目睹兩人的反應，心中霎時明白這兩人顯然根本從未討論過這類事情，果然也犯了創業者常犯的錯誤，所考慮到的都只是彼此互補，都是一帆風順；至於公司如何運作，當意見不同時，甚至有衝突時該怎麼處理，這些事情還未曾眞正思考過。

這一來，傑夫拿起茶杯，慢慢地喝口茶，靜靜地等待對方的回答。這種「靜靜地等對方回答」的手法也是創投常用的一個方式。

一般人發問之後如果對方不曉得怎麼回答，很多人都會好意地爲對方解釋自己的問題，或是因爲不好意思繼續追問而轉變話題；然而創投的個性本來就像是「禿鷹等待獵物」的習氣，所以碰到對方不知道怎麼回答的時候，傑夫反而不解釋、不說話，有意地讓氣氛僵在該問題上，然後讓僵冷的氣氛帶給對方無窮的壓力……

這時候，傑夫要做的只是用眼睛直勾勾看著對方就夠了，對方自然會感到更多的焦慮和緊張；而人只要一焦慮，眞正的想法就會脫口而出，實情就很容易在這種情緒的反應中表達出來。眼前，傑夫就是靜默地微笑著，等著對方兩人的反應與說法；這樣的角色，在旁觀者眼裡才是名副其實的「微笑禿鷹」！

艾當頭與愛德華自然沒有這種閒情逸致觀察傑夫了，他們對傑夫所提出的問題還不知道該如何回答，兩人過去討論的題目都是如何互補、如何拿到需要的資金、公司如何組成等，哪想得到這種事情呢？早知道就應該先問問創業前輩，蒐集一些創投考古題，來個「面對創投一百題模擬試題」的練習才對；現在再討論已經來不及囉！

時間好像過了一世紀之久，艾當頭受不了這種靜默，終於想到一個很得體卻也模稜兩可的答案，因而擠出幾分笑容開口回答了：「既然這公司是我們兩個一起設立的，我們兩人都是 co-founders（共同創辦人），至於誰當頭或是這是誰的舞臺這些問題應該不是這麼重要，實際上我們是 partnership（夥伴），共同解決吧！既然是團隊合作，重要決定當然也是團隊合作的。」

「嗯，對！」一聽這個答案面面俱到，所以愛德華連忙點頭說：「我們當時談合作的時候就說是合夥，大家同樣是 partners，事實上，每個人的角色有所不同，今天艾當頭扮演總經理，並不代表公司是他的；以後如果我做總經理，也不代表公司是我的；合夥嘛，大家先把事情做出來再說唄！夢幻團隊總是要多體諒對方才是！」

說完艾當頭和愛德華相視而笑，都為自己的回答得體感覺高興，多麼冠冕堂皇！聽起來也合情、合理！果然是夢幻團隊，默契十足！

傑夫這個老創投，聽到這種說法也笑了笑，從容地繼續追問：「倘若公司有一些重要的事情要做決定，例如股價計算、每個人的技術股比例、其他技術股適用對象等，誰說了算呢？」

一聽此話，艾當頭馬上回答：「就像我們所說的，基本上這都是經過兩個人討論之後得到共識才算數，合夥人的關係嘛！愛德華，你說對不對？」說罷，艾當頭轉頭看著愛德華，手肘還有意無意地輕輕碰了碰愛德華的手臂，好似要取得艾德華對他剛剛的陳述的同意似的，又好似在暗示他不要在這個題目上講太多話；後者也配合得很好，點點頭接著補充道：「原則上當然就是像艾當頭所說的，如果真的有不同意見的話，我們再視個人所長來決定也可以嘛！」

傑夫順著艾當頭的視線看看愛德華，然後又回頭看看艾當頭，發現兩人的互動明顯代表了艾當頭一直想在互動過程中保有「主動權」，所以總是搶著回答；而愛德華雖然回答在後，可是總會加上一、兩個補充或是不一樣的想法。這又代表什麼意義呢？

想了兩分鐘，傑夫有個大膽的假設：

一、艾當頭一直想要爭取主導權，在這個合夥，艾當頭的心目中認為自己是總經理。

二、愛德華雖然也承認艾當頭為總經理，但又未必完全以艾當頭的想法為主，雖然他總是讓艾當頭先回答，可是每次都會再補充一些自己不同的看法。

人與人之間的互動是微妙有趣的！

傑夫立刻有了一些新的問題，因而繼續追問：「萬一碰到衝突需要決定的時候，如果什麼都要經過你們兩個討論才決定，這會不會產生問題？新創業的人都非常忙碌的，如果每件事情都要如此討論才能定案，重大決策會不會拖拖拉拉，缺乏效率呢？」說完故意停頓了十幾秒鐘好讓對方思考，「就以今天我們談投資條件與價格來說吧，我跟誰談了才算數呢？」接著又丟出這個非常「麻辣」的問題！

果然難以回答，連艾當頭也不敢輕易開口了。

傑夫有意無意地擺擺手：「沒關係啦，我們繼續談另一個問題吧！」

真的沒關係嗎？事情才不是這樣！既然傑夫已經心知肚明知道艾當頭和愛德華對如何合

作的事根本沒有眞正且具體的想法，就不必再花時間在這上面了；話題因而轉到技術、市場的問題上……

只不過在接下來的討論過程中，氣氛似乎隱隱約約地起了一些微妙的變化。第一輪時，愛德華和艾當頭基本上配合得還算不錯，對技術、市場和未來的展望都談得頭頭是道；可是等傑夫把「誰當頭」的問題拋出來之後，或許兩人都清楚自己的回答並不好，內心都有幾分後悔，隱隱約約覺得自己在這公司並沒什麼實質的權力，更糟的是兩人猛然發現對方與自己的默契和團隊精神似乎沒有想像中那麼好，心裡多多少少產生了疙瘩。或許受到這個因素影響，所以接下來的談話過程中，兩人有時候還會出現意見不同的情況。

這一切傑夫可是看得很清楚！人與人的互動就像釀酒一般，原來的材料混在一起本來沒有什麼特殊作用，可是一加入酵母後就會開始產生化學變化；一旦有了實質改變以後，釀酒材料再也不是原來的樣子了。其實傑夫做的也只不過是在愛德華和艾當頭之間隨手撒了一把酵母罷了；有人把這種手法稱爲「見縫插針」就是。

傑夫端起桌上已經涼了的茶杯輕輟一口，看著兩個訪客之間的變化，心想應該可以採取更激進的作法了……想著想著，因而有意無意地唉了一聲，嘆道：「好累啊！」接著輕鬆地嚷著說：「『Mother nature is calling！（生理需要，暫時要告退了）』嗳，有沒有人要上洗手間呀？」因爲愛德華和艾當頭都是從國外回來，所以傑夫隨口輕鬆地以英文詢問。

廁所中下毒？

艾當頭和愛德華互望了眼，顯然剛剛的問題還重重壓在艾當頭的心頭，哪管得著什麼mother nature！

「I am good.（我不需要）！」艾當頭回答後坐著不動。

愛德華看看傑夫再看看艾當頭，臉色似乎有些頹喪，想了想，站了起來，對著傑夫應聲好，然後隨著傑夫走出會議室，一起走向洗手間。

走著走著，傑夫若有所思地說：「愛德華啊，依我看應該你當頭才對吧！艾當頭雖然有設立公司的經驗，不過我看他過去所設立的公司根本沒有什麼實質的成果，既然在規劃中你們要把公司搬到臺灣來，他原來的經驗似乎也沒什麼價值吧？再說吧，在技術的領域來說，他資歷還差你一大截，我看管理經驗也未必比你強，爲什麼不是你當頭呢？」

哇！傑夫這是幹什麼？簡直是挑撥離間兼下毒嘛！

說完這話，傑夫留心地看著愛德華。愛德華抬頭看著傑夫，欲言又止，似乎想說一些話，可是終究沒說出口。傑夫很有耐心地繼續等候，耐心等待可是創投人的必修學分哩！其實不管愛德華說不說，他剛剛欲言又止地看了傑夫一眼的那個眼神，事實上已經向傑夫傳送了不下於千言萬語的訊息了。什麼夢幻團隊？應該說是紙糊的窗戶——一戳就破！

等解決「mother nature」的需求以後，兩人走出洗手間，傑夫若無其事地看看愛德華，微微一笑，支持的味道溢於言表。

愛德華到底是很少與創投打交道，看見傑夫對他笑了笑，不知如何是好，只好支支吾吾地回答：「你剛講的問題其實我也想過，雖然我了解技術，可是設立公司還有其他很多拉拉雜雜的問題，比如財務、行政管理和招募人才等，這些對我而言都是全新的經驗，如果要我來處理的話，實際上我不懂，況且處理這些問題對我時間的應用上也是不經濟的。」言下之意，他讓艾當頭當總經理也是情非得已的囉？

「喔，如果這是你讓艾當頭當總經理的主要理由的話，那我就勸你要重新思考一下你們這個創業了！

第一，你所擔心的這些事情都屬於 operational（作業面）的問題，這很容易解決的，如果你需要的話，我們可以幫你忙啊，或是花些小錢就可以找到會計師幫你處理了。

第二，再說吧，你覺得對一個新設立的公司而言，重要的是過去已經有的東西呢？還是未來的方向與競爭力？從你剛所說的，你看的好像是「過去」。過去你沒有設立公司的經驗，艾當頭有，所以你認爲他比較資深、經驗比較豐富，所以由他當頭；可是在公司「未來」的發展、技術和市場上，我看你比較有條件耶！我們的角度可是看未來，不看過去的。」

說著說著，兩人已經走到會議室門口，傑夫與愛德華很有默契地互看一眼，不再說話，安靜地走進了會議室。其實創投絕非善與之輩，傑夫的每個動作、每句話都是有目的的！不但下毒，還出了重手！

回到會議室，愛德華坐回原來的座位，心中百感交集……聽起來，傑夫好像比較希望由他來負責公司似的。仔細一想傑夫說的也很有道理，雖然他設立公司的經驗比較少，可是在市場和技術的經驗可是遠遠凌駕艾當頭，他所欠缺的不過就是傑夫口中的作業面相關經驗，想像中這也是很快就可以 make up（補足）才是，若是達利可以提供幫忙，那還擔心什麼呢？

等雙方重新討論後，傑夫雖然繼續和兩人談論市場分析和資金需求的問題，眼睛卻不時地觀察著愛德華的表情變化，只見愛德華偶爾低頭沉思，彷彿對另外兩人之間一來一往的討論漠不關心似的；偶爾又豎起耳朵表現出積極參與的態度，可是實質上聽的多，說的少。總之，愛德華在 mother nature call 的前後，表現出來的差異顯而可見。

很顯然地，傑夫剛剛撒出去的酵母正在愛德華腦中發酵，而且持續不斷地發酵著……傑夫是故意搞破壞嗎？還是巧妙地揭穿了虛幻的「團隊」？

「虛幻」有之，「夢幻」未必，「團隊」不足！

會議後的某天，傑夫接到愛德華的電話。這通電話完全在傑夫的意料之中，他早就知道愛德華遲早會單獨打電話來。只聽到愛德華直截了當地問：「如果我要單獨設立公司的話，達利願不願意幫忙？」

傑夫語氣溫和地回答：「對新創業者提供『育成服務』或『後育成服務』都是達利的工作所在。如果你創業的想法很好、經營團隊很健全，公司也籌備得差不多了，倘若只是缺幾個必要的環節，我們當然可以幫你的忙，也樂於幫你的忙。」

傑夫的回答完全是創投的標準語法，四平八穩，看起來好像回答對方的問題了，聽起來也像願意支持對方，可是實際上傑夫並沒有非常明確地答應，他只是說了達利經常的作法和工作所在，並沒有給他任何獨特或是具體的答案。

不過人都是聽自己想要聽的訊息，所以愛德華聽到的可是傑夫願意幫忙的意思……聽完傑夫的回答，電話另一端的愛德華滿意地點點頭，又繼續閒聊兩句就掛斷電話了。

等到了這通期望中的電話以後，該輪到傑夫做作業了。他換了換坐姿，深深倚進椅背。其實在這之前都只是收集資料的階段，一直要到現在才是傑夫開始進行分析的時刻，到底這兩人的合作，表面雖然是互補，實際上呢？果眞是個**夢幻團隊？還是「虛幻團隊」**？

顯然易見的是：

第一，這兩個人的合作已經破局，就拿負責人來說，艾當頭過去一直認爲他已有創業經驗，所以這個新公司應該由他主導；可是愛德華卻輕易地就被挑撥成功，顯然愛德華本來就認爲自己應該才是主導才是。即使現在達利不挑撥，他們遲早也會發生爭執的。

第二，艾當頭和愛德華這兩個創業者之間的合作根本經不起任何挑戰，隨便一個廁所裡閒聊的挑撥就可以離間他們，那以後遭遇更繁雜更具有利益衝突的事，他們兩人如何能夠互信一起走過艱辛的創業路？

這下根本不成爲一個「團隊」，更算不上「夥伴」了！對達利而言，還好及早發現，總比投資以後才發現來得好。

菜鳥看「合」，老鳥看「分」

「唉！」傑夫輕嘆一口氣。他的本意並不在挑撥離間這兩個創業者，純粹只是想試探一下兩個人到底算不算上是個「團隊」？看來這個案例沒有通過考驗，案例又泡湯了。

這又是達利與許多創投不同的地方了！多數創投都只重視技術、產品、市場以及數字預估等資料；可是達利最重視的卻是經營團隊的組成原因與互動經驗。達利最關心的就是整個團隊到底是臨時湊合出來、隨意找的牌搭子呢？還是眞正有實際合作經驗的團隊？如果只是因爲表面上某種利害關係或是共同需要而結合在一起，等以後公司經營碰到困難，或是彼此的分工有所差異時，動不動就會起爭執，甚至於一個小小的利益衝突就足以讓整個團隊分崩離析。

每家公司在發展及成長的過程中總會碰到各式各樣的危機，必須倚賴領導階層管理團隊，將之化爲商機或是能洞燭機先以避過這些危機，或在公司受到損害之後以最快速的方式彌補、恢復，也就是說管理團隊一面對外，一面也需要對內建立起有效率的內部管理系統，這些都不是容易的事。假如能夠有堅強的創業團隊各司其職、各展所長，當然就可以發揮「二人同心，其利斷金」的效果；但倘若這時候兩個主要的創業夥伴中間出現嫌隙甚至鬧翻臉，成功的機會將會非常渺茫，下場便是標準的「二人斷心，公司斷命」了。

而對投資者來說，最怕的就是在投資以後發生這種情形！因此投資者的最高指導原則就是在投資前盡量把未來可能發生的問題先探測清楚，把風險盡量降低，這也是有經驗的創投人和沒經驗的創投人員最大差異所在。創投菜鳥不會想到以後如何運作，所以菜鳥是「重合不重分」，只著眼於合夥人之間結合可能的績效、利益或互補等；可是有經驗的創投就不一樣了，創投老鳥重視的卻是「重分不重合」，看的是哪些因素會讓經營團隊分崩離析？然後再評估這些可能的因素該如何事先防範，或是該如何補救，而投資報酬率高低差異的訣竅也就在這裡了！

在達利的經驗裡面，眞正的「夢幻團隊」其實是非常難找到的！有時候傑夫自己都會喟嘆要找到好的團隊眞難，創業說來容易，其實是非常艱鉅的挑戰呀！

羅賓漢與三「見」客的容忍之道

傑夫走到畢修的辦公室，查爾斯正好在畢修的辦公室裡談事情。因爲近來查爾斯工作賣力，進步也很快，所以傑夫也樂得給查爾斯一些機會教育，每當要和畢修討論一些事情時，假若遇到一些值得學習的課題，也樂得讓查爾斯一起參與。

傑夫向畢修和查爾斯描述了與艾當頭和愛德華見面的情況，尤其是在廁所裡撒給愛德華的一把酵母，傑夫更是敍說得兩分得意八分婉惜。得意的是他四兩撥千金用幾句話就看清楚了該團隊的脆弱面；婉惜的是這兩個人也都算是身懷技術的好人，而他未能幫助好人成就好事，總是憾事一件。

「傑夫啊，你還是比較有耐心的，願意再多給他們一次機會；像我，就實在提不起勁再去跟艾當頭閒扯。在這個 case 上，你倒是像『羅賓漢』；而我只是『三見客』。」

其實畢修之前已經與艾當頭和愛德華碰過面了，他事後所寫的訪談報告裡已經註明：這是沒有機會成功的案子，不需再訪！在達利，畢修與傑夫的分工，常常是一個人先上陣，碰到不順利或需要轉換角色的時候，另一個人再接著上；他們兩人對於黑白臉的分工更是配合得爐火純青。

「艾當頭其實是標準的『合夥無量，獨幹無膽』！partner 一字來容易，眞正要做到是何其困難啊！」畢修說這句話時顯得有些語重心長。

「說的也是！很多人常常把 partner 這個字掛在嘴邊，但眞正了解這個字的涵義的人實在是少之又少。唉，要找到團隊何其困難！表面看來，似乎能力或資源能夠互補就可以當 partners，其實大多數人不知道當 partners 最難的就是要能夠互相容忍；與其說是互補就能夠當 partners，不如說是需要互忍。就看我們兩個，合作這麼多年，要不是你多多容忍的話，哪有今天的局面呢？唉！」

「彼此彼此啦！」

在《達利教戰守則》裡，要求達利的員工在與創業經營者打交道時必須對 partner、strategic alliance（策略聯盟）這樣的字眼特別小心。畢竟從傑夫與畢修過去的經驗來看，最後搞得各奔前程而拆夥的 partner 遠比始終如一的 partner 多得太多了；而所謂的 strategic alliance，若不是兩邊的實力相當，對對方的依賴以及能夠從對方得到的好處也相當，到頭來也不僅僅止於「口惠而實不至」的表面功夫而已。因而達利注重的是每一個個體眞正的 ownership（是股份也好、做決策的權利也好，總之就是眞正屬於個人擁有的部分），對於 partner 及 strategic alliance 之類的「虛詞」，達利在評估一個投資案時是不列入考慮的；有時經營者用了太多這樣的詞彙，甚至於會被扣分，因爲一個專業的創投絕對不能夠被這種表面文章的詞彙所迷惑。

就在畢修和傑夫要結束談話前，在一旁靜靜「吸收」的查爾斯突然開口問道：「嘿，畢修，什麼是『羅賓漢』？什麼又是『三劍客』？我怎麼完全聽不懂。」

畢修看看傑夫，再轉頭看著查爾斯，調侃道：「你連『羅賓漢』和『三劍客』都不知道啊？顧名思義，『羅賓漢』指的就是行俠仗義、路見不平拔刀相助囉；而我的三『見』客，指的是我『聽不見』、『看不見』、『沒有意見』！」

傑夫習以爲常地搖搖頭，一看畢修開始打起渾語來，就逕自走回自己的辦公室處理自己的事情，留下一臉好奇的查爾斯獨自和畢修去打渾語。

「怎麼說你是『三見客』？」查爾斯可是興在當頭，迫不及待地繼續追問。

「看到悲劇即將發生，你好心去通報對方，要對方多加小心防範，通常是得不到好處的，甚至還會招來怨恨。萬一你說的不準，事後悲劇未發生，別人會說你見不得人家好，故意觸霉頭；若是你說準了，對方更會怨你，說你烏鴉嘴。所以囉，看到別人即將犯錯，假如不是你的至親好友，你又何必去多管閒事呢？這『三見客』就是我的處世原則，雖然很現實，卻也很管用就是。」

查爾斯似懂非懂地點點頭，半晌後，回了一句話：「那傑夫的『羅賓漢』不就是錯的囉？」

畢修收起笑臉，瞪查爾斯一眼，沒好氣地說：「你也要下毒嗎？傑夫有他的風格，我有我的風格，各有擅長，我們兩個要是都一樣，何來互補可言？」

不過查爾斯可沒因此住了口，自從他加入達利後，第一次有機會聽老闆臧否另一個老闆，這時候的他活像是隻充滿好奇心的貓，充滿期待地追問：「剛剛傑夫說『你們兩個互相容忍』之類的，這話是什麼意思？我怎麼看不出來你們有在互相容忍對方，我看你們合作得很融洽嘛！」

「『人之相知，貴相知心！』容忍要是給對方看出你在容忍，那還叫容忍啊！那就叫做無言的抗議啦！所謂容忍，就是要叫對方看不出來你在容忍，這才叫做容忍！」也不管查爾斯聽懂不懂，畢修只管平鋪直敍地把他對「容忍」的定義講出來。

「那！那！你有什麼地方在容忍傑夫嗎？」查爾斯自知問了不該問的問題，問完後，吐了吐舌頭，準備挨刮。

「囝仔人，有耳沒嘴（閩南語）！出去，出去，我還有報告要寫。」畢修揮揮手示意查爾斯離開他的辦公室，表示對話結束。畢修正在趕一份今天早上會議的訪談報告，好上傳到達利專屬的 eKM（電子化知識管理系統）。當天的會議或訪談必須當天把訪談報告交出來，並上傳到 eKM 與其他同仁分享，一直是達利每一個同仁必須遵守的規定。

「事後驗證」比「事先判斷」更爲重要

半年後。

當傑夫主動打電話給艾當頭的時候，艾當頭非常驚訝。過去半年期間，達利的反應冷冷淡淡的，艾當頭心裡淸楚達利對他的公司根本不感興趣，而其他投資者不曉得因爲什麼原因，也沒照他們本來答應的投資他的公司。不過艾當頭已經辭去原來公司的職務，所以還是搬回了臺灣，設了一人公司，重頭做起。當初公司設立的時候，艾當頭曾經送個投石問路的電子信件給傑夫，希望傑夫能去看看他的公司，只是一直沒有接到達利的消息。

沒想到傑夫現在居然來電了……艾當頭先是覺得驚訝，後來想到可能還有敗部復活的機會，說不定能得到達利的資金挹注，所以很仔細地把公司發展的近況一一告訴傑夫。

聊了一段時間後，傑夫話鋒一轉，不經意地問道：「那愛德華呢？他也跟你一起設立這家公司嗎？能不能找愛德華來，我想跟他打個招呼耶？」

沒想到一提到愛德華，電話那頭的艾當頭好像突然被澆了一盆冷水似的，支支吾吾的，聲音顯得有些尷尬，不曉得該如何回答才好。

「怎麼了？愛德華不在嗎？」傑夫明知故問。

「唉！」艾當頭若有似無地嘆了口氣，只好硬著頭皮跟傑夫說實話了……「愛德華後來沒有加入我們的公司，他還是回美國，又回原來公司了。」

「哦？爲什麼」傑夫這是明知故問，想看艾當頭是不是會說實話……

只聽到艾當頭支支吾吾地說：「在最後關頭，愛德華因爲他太太反對的緣故，還是決定留在美國不回臺灣，……我也沒辦法。」

傑夫暗暗嘆了一口氣，看來艾當頭還是沒有說實話，這下對艾當頭又打了另一個很大的折扣。

掛上電話，傑夫頗爲喟嘆地自言自語：「該是爲這個案例做結案報告的時候了！」

什麼？原來現在才算結案呀！這又是創投老鳥與菜鳥的另一個差異了！當創投的人「事先假設與探測」的功課固然重要，可是「事後驗證」更不可忽略。絕大多數的菜鳥只重視搶案子，只重視事前分析，如果決定投資以後，就把案例交給「投後管理」(post-management)的同事，自己可以就此不管；萬一決定放棄投資的話就更簡單了，把案子所有相關資料束之高閣就此不再花任何精神了！

不過達利的教戰守則對結案的要求卻不僅於此，而是明文要求所有的AO在每個案例結案時即使不投資，也必須在事後幾個月對該案例相關人士進行再度訪查，比較過「事後發現」與當初「事前估計」後才能結案，達利就是藉這種方式快速累積起自己的經驗。

事後，在內部經驗討論會上，有達利的同仁問傑夫，像愛德華和艾當頭這種情形經常發生，到底怎麼找到夢幻團隊呢？記得傑夫是這樣解釋的：

第一，兩人只要靜下心來重新想想：公司以後會碰到什麼成長的瓶頸？每個人的缺點是什麼？(而不是只看優點)

第二，針對每個可能的瓶頸該如何解決？討論完後如果意見不同的話(根據經驗，意見不同的比率遠比取得共識高得多），根據每人的優、缺點爲根據，事先決定該以誰說的話算數？

第三，如果需要的話，甚至可以邀請可能的投資者一起討論，反正遲早要面對；坦誠面對未來可能的問題反而可以取得投資者的信賴。

第四，最重要的是藉著這個討論機會看看彼此能不能眞的剖心置腹地客觀討論？彼此的互動感覺是不是很好？如果現在討論都談不下去的話，以後碰到實際困難就更難了！

有人這樣問傑夫：眞的有人做得到嗎？如果很少人可以做到這種夢幻團隊的話，豈不是達利都找不到投資機會了？

傑夫笑笑地回答說：「別家創投都勸人家多多創業；可是我倒認爲創業不是人人可爲的，除非眞的找到『夢幻組合』，又可以成爲『夥伴團隊』，不然實在是不必自討苦吃。誤己誤人，創什麼業嘛！」

8

獨行篇

泥巴生活是創業宿命

「兩要」:「要」不斷注視遠方方向;

「要」不斷摸清現狀,不斷地修正!

「兩不要」:「不要」回想過去清靜簡單的生活;

「不要」處理現在不能處理的問題。

【迷思點】

創業者追求的是理想、是明確的成就感；隨著事業的成功以及公司發展的順利，創業者的生活應該也是愈來愈光明才對……爲什麼許多經營者隨著事業成長，生活反而陷入模糊與混淆的灰色地帶呢？難道「模糊不清」才是創業者與經營者的生活與宿命？

創業經營者在灰色生活與模糊中前進，猶如在泥濘沼澤中舉步維艱……這種生活與創業者當初想像的截然不同，爲什麼還有這麼多創業者想創業呢？

【故事主角】

灰色科技．葛瑞總經理

這天，傑夫和畢修又到達利的 portfolio 公司（已經投資的投資組合），與灰色科技的幾位經營團隊討論公司近況以及產業動態，一來因爲傑夫和畢修與經營團隊都非常熟悉；二來最近公司的業務蒸蒸日上，超過同業甚多，所以大家都滿懷信心，一副神采飛揚的神情；加上相關產業上下游出現許多有利指標，因此大家對未來預測都非常樂觀。然而在會議過程中，傑夫卻注意到總經理葛瑞的眉宇之間似乎有幾分憂鬱與煩惱，偶而還出現皺眉的表情，雖然稍現即逝，但這些神情是瞞不過傑夫的眼睛的……想來葛總經理有些心事囉？傑夫在心底猜測。

等到會議圓滿結束，大家都站起來舒展身體，最近資訊業界流行「甩手功」，會議後大家一起站起來運動運動，不僅舒緩身體、活絡筋骨，也可以讓氣氛更爲自然與融洽。傑夫和畢修跟著大家一起做完十分鐘的甩手功後，傑夫有意無意地走向葛瑞總經理，說道：「總經理，方才我來的時候看到外面秋高氣爽，何不出去走走散散步呢？」傑夫喜歡散步是大家都知道的，他常常在開會後走個三十分鐘，一則舒緩工作壓力，再則也可以與經營者有更多私下談天的機會。

「也好！出去看看這裡唯一的楓葉有沒有變色！」葛總經理應了聲，便隨著傑夫和畢修漫步出了公司。三人在公司附近逛了一圈，陽光和秋風皆舒適宜人。葛總經理和傑夫走在前面，畢修一直跟在後方一步的地方，他知道傑夫有話想對葛總經理說，不需要兩個人對一個人，另一方面因爲畢修有抽煙的習慣，他習慣找下風處，不讓煙燻到他人。傑夫發現葛總似乎有些心不在焉似的，因而決定問問是怎麼回事。

創業宿命分析：生活不確定性愈來愈多

「噯，葛兄呀，看起來有些心事似的？公司業績不是不錯，有什麼困擾？或是需要達利幫你些什麼忙嗎？可別客氣呀！」

葛總經理似乎聽而不聞，默默又走了兩步，過了一會終於停下腳步，轉頭對傑夫說：「最近的確碰到了一些問題，既然你問起，現在正好有機會可以聽聽你的看法！」

「只要不是男女感情的問題，我都幫得上忙。」傑夫開玩笑地回答。

葛總經理聽了楞了一下，沒想到傑夫也會開這種玩笑，忍不住笑了起來，氣氛因而輕鬆許多……「其實也沒什麼特殊的問題，最近公司的業績比以前好得多，可是我愈來愈覺得惶恐；你們看過的公司很多，這是我自己的問題，還是普遍性的問題？」葛總故意輕描淡寫地說。

「惶恐？何來『惶恐』？是碰到問題不知道如何解決？還是抓不清楚問題？」

葛總回答：「要是真的知道問題所在倒也可以解決；我現在的問題就是不知道問題出在哪裡！老是有一種 uncertainty（不確定性）的感覺。」

傑夫沒有作聲，只是停下腳步，站在原地看著葛總。

葛總繼續解釋：「以前公司的目標很單純，客戶需求也清楚得很，我們只要把產品開發出來就可以了；現在業績穩定了，反而感覺很多事情都變得模模糊糊似的。說實話，有時候我連公司應該加強的目標都有些搞不清楚了。」停了一下，又說：「過去看事情馬上就可以抓出重點；現在反而有些灰濛濛的。你說，是不是我壓力太大的關係？我過去從來沒有這種感覺耶！」說著說著，語氣裡已經透著幾分不確定性與焦慮。

「嗯，舉個例子吧？」

創業宿命分析：方向愈來愈不清楚

「就拿與客戶的關係來說吧，過去清楚得很，因爲我們賣的都是『取代性』產品，只要faster、cheaper、better就可以賣得出去；可是現在若要產品和技術升級，大家都說要客戶一起合作開發產品才做得到；我記得你們也這樣說過吧？我認爲有道理，所以也與客戶談了好幾次想要共同開發一些新產品，可是說了半天就是找不到明確的方向，客戶有客戶的要求，而且變來變去，加上我們有我們自己整體的發展road map（產品、技術規劃方向）考慮，彼此說要合作，光在產品方向和規格上就不容易談得清楚，談了好幾次，但還是有太多的灰色地帶，我也不敢貿然就開發下去。……有時候想想，過去的方式還是比較簡純些；現在產品愈作愈高級，可是方向反而愈來愈不清楚。另外我擔心的是，現在每個新案子所需要的預算都比以前大得多，需要的開發時間也長，一旦做錯的話損失可不得了；可是不開發更高級的產品又不行……唉，想來想去實在是進退兩難，動輒得咎耶！你看，別家公司會不會也是這樣呢？」

「你的問題聽起來都是與客戶合作相關的問題，這也常見；等會再談，先問問你，公司內部呢？內部就沒有這種問題了吧？」傑夫有意再多問些。

葛總搖搖頭，「你還說呢！提起內部更難處理！現在公司的業績每個月成長到一億多，各種作業程序、不同產品與部門之間到底應該是用哪一種方式運作比較有效率？如何將所有人擺對位置？怎麼才能夠賞罰分明？這也是現在我碰到的問題，更難處理呢！過去是大家整體合作，技術、產品都比較單純，所以整個合在一起沒有問題；現在產品線多，新加進來的人也多，有人說應該採取不同利潤中心的方式運作，可是又怕演變成各自獨立，失去以前緊密式的組織教學相長、經驗傳承的好處；可是不分開嘛，又有人抱怨說我們是『大鍋飯』，績效難區分……到底應該用哪種方式？每次一談到這個各說各話，最後還是要我決定，想想我就有些煩惱。每個方案都有道理，可是又都不完美；如果連我自己都沒辦法把遊戲規則規劃得很清楚，加上人多嘴雜，大家都有業績壓力的時候，部門與部門之間難免有些爭論，坦白說是有些左右爲難……」葛總經理愈說愈煩惱。

傑夫點點頭，「你有沒有試過先定一些遊戲規則，事先講明，省得爭執呢？」

「當然有；可是效果不佳。我本來的想法很單純，每次遇到問題或是爭執，我就和大家討論，然後再以明確的辦法規範這些引起爭論的地方，『前事不忘，後事之師』，這總可以避免同樣事情發生了吧？

我是試過幾回，可是發覺困難重重，因爲即使表面上寫得很清楚，一旦實施起來，還是不可能涵蓋所有可能的狀況，總是掛一漏萬，有時候反而更多爭論！」說著說著，葛總經理的視線調向遠方，神情有些茫然，接著嘆了口氣說：「不成長不行；成長也不太好過！在這種模模糊糊的灰色感覺下，要帶領公司全體同仁繼續進步實在是很累。」

傑夫看著葛總：「為什麼覺得累？是擔心不清楚所以累？還是擔心資源浪費，會有衝突所以感覺累？」

「累就是累，哪還分這麼多種？其實我看都不是，我擔心的是我們還沒有調整好步伐、沒有找到新方向之前，一旦景氣反轉，我們可能會措手不及而跌得很慘，這才是我最擔心的事。……有時候我想自己應該是有些杞人憂天，噯，傑夫你說是不是？」

「不會啊，這很常見呀！每個創業者走到你這個階段多少都會碰到類似的迷惑，不然哪來這麼多的顧問公司呀？」傑夫輕鬆地回答。

創業宿命分析：無人可問

兩人默默地又走了幾分鐘，葛總突然停下來問傑夫：「對了，聽說你現在還負責一些法律的事情，正好我有些法律的問題請教你。我們跟別的公司合作總是要訂定合作合約吧？可是你也知道合約不可能規定得很清楚，過程中總會碰到許多問題。每次遇到問題，我看雙方的解釋也是各說各話，因人而異；甚至於對方的法務部和事業部的解釋也不太一樣，有時候我請對方給個正式解釋，可是對方總是支支吾吾的，說不清楚；找律師解釋吧，雖然分析大半天、說了一大堆，可是最後還是要我自己決定，說了跟沒說一樣！你看，連合約解釋與討論都是含糊不清，這也是件煩惱事；我怕合約沒有說清楚，到時候雙方麻煩事不斷。噯，我當初還以爲創業雖然有苦，總會苦盡甘來吧？沒想到卻是愈來愈模糊！」隔了一會，葛總經理雙手一攤，有些無奈地說：「最糟糕的是，我無人可問！在公司裡面我竟然找不到一個可以討論這種事情的人！」。

傑夫同情地笑了笑，接著又同情地說：「是呀，以前單純，現在複雜；以前清楚，現在模糊，所以我還是當個快樂的投資者比較輕鬆呀！」

「耶，你不能這麼說！一副置身事外的樣子，上次我親耳聽見你說達利要以『創業者的顧問』自居，既然是我們的顧問，我說了這麼多的問題，你總得給我一些建議吧！不然你於心何忍？給我們一些指導，達利也會得利的嘛！」葛總做生意可是很能幹的，說得讓人難以拒絕。

創業宿命分析：模糊是常態，清楚是暫態

「既然你問了，我就直說吧！我們在《達利教戰守則》裡面把這種情形稱爲『創業者的模糊宿命』，這是一種典型的現象，應該是每個創業者和經營者都會面臨的狀況。**這不是問題，也不可能避免，只是需要能學會如何面對與處理……」**

傑夫三言兩語就將問題說得很清楚，有時候他這種肯定的語氣眞讓人氣結，難道什麼事情在他看來都是這麼單純，兩、三句話就定論了嗎？

葛總一聽果然抗議地回答：「怎麼你們老是創造出一些奇特的名詞！呃，什麼是『模糊的宿命』？我聽過許多次《達利教戰守則》，聽說是你和畢修依據過去幾年的經驗寫成的『創投祕訣』？哪天出版讓我們看看吧？這樣我們也不必事事請教你們了嘛，大家豈不省事？」

「噯，那怎麼行！既然是祕笈哪能公諸於世，去提升別家VC的功力呢？我們怎麼會做自討苦吃的事！」傑夫輕描淡寫地回答。

「好吧，先不談你們，不過既然你們有這樣的描述，代表有和我一樣感覺的人不在少數，你們總會有些原因分析與對策提供吧？」葛總還是生意人，關心自己的問題比較實惠些。

「達利的建議哪有免費的？付錢！你得給我幾張技術股才行。」傑夫裝出一副現實口吻，說完後忍俊不禁，對自己一副生意人的勢利嘴臉笑了起來！

葛總也笑著說：「傑夫，你此言差矣！想我們最近公司業績這麼好，達利當時投資的成本這麼低，現在已經翻了好幾倍，這種報酬已經很可觀了，君子此時忘了義而來言利，豈不貽笑大方？這不是你的風格吧？」

「創投本來就不是君子，所謂小人言利，所以我承認自己是小人，你滿意了吧！不過既然你這麼說，這次看在貴公司進展良好的份上，我就免費提供一些分析與建議吧，但是下不為例！你不知道呀，我可不能壞了達利『**出口就要錢**』的規矩。來！我畫個圖給你看，你會比較清楚過去和現在的差異性！」傑夫邊說邊招招手，就在人行道旁蹲下來，隨手拿個小石頭畫將起來；葛總經理望望周圍，看見畢修也走了過去，只好跟了上去，也蹲下來，看傑夫邊畫圖邊解釋。

這三個人隨身都不帶ＰＤＡ的嗎？兩個手握二、三十億資產的創投業者加上一個業績十億的老闆級人物蹲在馬路邊以石頭畫圖？這景觀連在新竹科學園區都不常見吧？！

創業宿命分析：工程師到經營者的必經之路

傑夫邊畫邊解釋：「剛開始創業的時候，經營團隊應該都是『工程師』背景與角色，」傑夫在靠近自己腳邊的地方畫上engineer（工程師），「這時候公司的挑戰也很單純，只有**人才、技術、產品和交期**四項，每項都是很明確的要求；你只要把握ＦＢＣ（faster，快點；better，好些；cheaper，便宜價錢）的成功要素，公司就會有業績，只要努力，就能『日起有功』（每天都有進展）。對engineer來說，『**明確**』**本來就是一種工作上的習慣與訓練**，所以這個時段是創業最舒服、最有努力方向，加上共同創業的同伴都是有夢最美，所以大家共同努力的氣氛與進展都是讓人快樂的。」

葛總經理想了想，點點頭。

「第二階段，當你自己的角色從研發（R&D）的設計人員晉升到部門經理層次的時候，你要管理的事情除了產品和規格之外，還有『**人**』與『**資源分配**』的問題。」傑夫在 engineer 的圈子上方加進了「人」和「資源」兩個圓圈後繼續解釋：「這時候，你會發覺人與人之間的相處本來就會有許多得失心、比較心理，所以複雜度就增加了；加上大部分的人對自己的想法都習慣放在心裡面，不會明說，這更增加了模糊度與困難度；當負責人的你卻要仲裁或是分配資源，你當然會感覺處處都存在灰色地帶（gray area），還必須面對很多不清楚的狀況（uncertainty）。」說著說著，傑夫把兩個新加入的圓圈畫上單斜線，表示相對於工程師的明確而言，這兩個屬於灰色、模糊的地帶。

「第三階段，當你的角色成爲眞正的『公司經營者』階段，你要與別家公司進行合作；一旦開始跨公司合作了，不管是和客戶、經銷商、上下游，甚至投資者合作，他們的想法和作法更沒有辦法描述得很清楚，加上別家公司參與的人並不只一個人，每個人都有自己的想法，也有許多的 hidden agenda（暗地打算），這時候你會發現灰色地帶更多了！就像你說的，雙方雖然都有合約，可是還是無法擺脫模糊地帶。你看，我在這個公司圖上面再加幾個外圍圈圈，每個代表客戶、代理商、上下游、投資者……」傑夫將這些圈圈都畫上虛線，表示更爲混淆不清，更是灰色地帶！

「這時候的你會感覺愈來愈多的事情已經沒有創業當初那麼單純了！與外界公司互動頻

牽和內容很多都講不清楚，可是事情還是要進行，縱深（depth）更深，幅寬（broadness）也更寬，這時候對內而言，時間、精力有限，可是需要管理的範圍（span of control）太大，難以面面俱到。加上合作的對象愈多，彼此之間合作的資源和牽扯也愈來愈廣，你就會覺得似乎每件事情都沒辦法像以前那麼清楚，每件事情遠看似乎都隱隱約約地有些規範，可是細看卻又都看不清楚，偏偏又不能不做，是不是？這時候出現忐忑不安的感覺是必然的！」

葛總經理點點頭，「果然是有邏輯，分析得有道理……呃，你說這是必然的現象？意思是人人如此囉？」

傑夫點點頭。

看來在達利的想法上，這是必然的了！想到這，葛總催促地問：「就算是必然吧，總有面對之道吧？怎麼光說原因，原因你不說也可以，我要知道的是如何處理耶！光說原因有什麼用？」急迫心情一覽無遺。

傑夫看看葛總，站起來說：「我們還是邊走邊聊吧？」

「等一等！」在葛總站起來之前，一直站在一旁默默聽著兩人交談的畢修突然蹲了下來，拿起小石頭畫了幾個虛線的小圓圈，吸引傑夫又蹲了下來……「不只這樣，很多時候你的 target（目標）是個 moving target（移動的飛靶），像打飛靶一樣。」畢修只說了句簡單扼要的話，然後又站起來，擺擺手勢示意傑夫和葛總起身，散步去！

三人兩前一後走了幾步路，傑夫和畢修都沒再開口，葛總反芻剛剛的談話，突然有了新的想法，因而抗議地說：「不，傑夫，你這樣講就不對了！如果每天活在模糊、灰色地帶裡，我怎麼管理公司內部？大家不是都成了混水摸魚嗎？這樣會出問題的！我不相信每個公司都是這樣成長的！其中必有其他道理，你沒有說清楚喔？是不是？」

創業宿命分析：「muddling through」與「兩要、兩不要」

「噯，我可沒有說你不要前進耶！其實當一個經營者，最難的也就在這個時候，因爲你會發覺很多事情都不是很清楚，卻又必須學會如何在渾沌不清的狀況中找出一條路走下去。我認爲在這個時候最好的應對方法就是『摸著石頭過河』！也就是美國某位學者所說的 muddling through（管理就像是在泥巴田中舉步前進）的方法。」

「摸石頭過河？muddling through？」葛總經理重複傑夫的話，腦中頓時閃過自己摸著石頭過河的畫面，河水湍急混濁，每一步都驚險萬分；再想想自己身處泥巴田中舉步維艱，渾身爛泥狼狽不堪，要舉起腳都很難，何況要前進？噢，這兩種情況雖然貼切，都不怎麼讓人喜歡！想著想著，葛總的眉頭幾乎要皺成一條直線了。

傑夫耐著性子爲葛總解釋：「所謂『在泥巴田中前進』和『摸石頭過河』都有幾個特點；而《達利教戰守則》是以『**兩要、兩不要**』來處理。容我慢慢說給你聽；如果你認爲有用，以後公司有什麼紅利好處或是現金增資的時候，可千萬不要忘了給達利一些回報啊！」生意人就是生意人，總是不忘適時提醒對方要給達利一些好處，怪不得人家都說達利這幾個人「敢要」得很！

「好啦，好啦！一句話，只要有用，絕不忘你的幫忙！」葛總點點頭，催促傑夫趕快說吧！

「仔細聽來囉！『兩要』說的是，第一，前進過程中，眼睛『要』不斷地注視著遠方的方向，有了偏差就要馬上修正。第二，『要』邊走邊摸石頭，體察現狀，若發現有異樣馬上修正，而且不斷地修正。第三，『不要』想回到過去清靜、簡單的生活；多花精神想想如何與『模糊』、『灰色』共處才是道理。第四，『不要』處理現在不能處理的問題，等時間讓問題演變得更清楚時再說。

詳細解釋的話，先說第一個『要』不斷注視著遠方方向吧！公司負責人的角色就是掌握公司的大方向，包括：市場演進、大環境變化、技術產品方向、人才團隊培養，以及策略夥伴的了解與選擇等等。我建議你自己要花更多的時間與其他產業的領導者、產業市場分析師，以及外界系統廠商多來往，藉此多認識一些對產業有見解、看大方向的人；不要整天被公司內部的作業綁住。

我建議你把自己定位成『掌舵』的人！你看過《獵殺紅色十月》的潛艇戰爭片吧？當艦

長的人都是站在鑑橋指揮座上聽其他官兵匯集消息再指揮前進的，他的角色就是了解本身的狀況、敵人的動向以及海潮等狀況；至於潛艇裡的每個部門都有專門的人處理，對不對？我認爲你要花相當的時間走出公司，接觸外界，與外界多些接觸，掌握方向才是經營者最重要的任務之一；只要你能掌握住大方向，即使在潛水艇裡面什麼都看不見，可是你還是有許多觸角來幫助你掌握環境的所有狀況，這樣你就不會擔心面對模糊現象了。」

「嗯，這個做得到。達利不是經常舉辦許多的 forum（圓桌研討會）嗎，我上次參加過幾次，對我掌握產業和技術的大方向很有幫助，以後你們多舉辦幾次嘛！記得你上次介紹我見過面的某家外商投資分析師，我與他見面也是相談甚歡，他問我技術、產品，我問他產業供需，算是各取所需吧，而時間上的花費也不是很多，但效果卻不錯。嗯，你這個建議實用得很！」葛總又加了一句話：「我每次與你們談過以後就感覺精神特別好，也不會這麼迷惑，看來也應該多向達利請教囉？」

傑夫笑著說：「只有今天是免費服務，以後找我們聊天要付錢的，或者拿技術股當『門票』也行。」

「又來了，君子何必曰利？當起創投以後怎麼會變得這麼俗氣呢！再說第二個『要』吧！」一聽傑夫又提到要付錢，葛總趕快趁機消遣兩句。

「**第二個『要』就是要不斷地摸清現狀，不斷修正**！關鍵處在於你要善用你各部門的同事，要他們不只做生意，還要大家定期溝通從各方聽來的消息。上次我們與L君見面的時候，他不也說了：『公司其他各部門的人都是我的觸角！』延伸L君的說法，原來的你必須靠自己與外界接觸才能知道許多變化；可是慢慢地你的事情愈來愈多，不可能『事』必躬親，所以要靠你其他的幹部成爲你的五官和四肢，幫你感受社會的脈動、經濟和產業態勢的變化。重要的是你要定期讓其他幹部養成這樣的習慣，而且建立動態訊息分享的機制，這樣你就可以掌握現狀，也可以與同事討論出修正的方向；這些消息都可以幫助你修正方向，找到過河的過程中每個階段需要的下一塊石頭！」

第三，就是『不要』回想過去。既然你的角色已經由工程師轉到經營者，與其懷念過去生活單純的日子，不如享受模糊的現狀與快樂吧！其實不單是你有這種感覺，很多經營者也都會有相同的經驗。在中文裡面我們說是『模糊』，在英文說是『gray area』，這裡的模糊與灰色只是指你難以看清楚未來所有的轉變，並不是說前景一片灰黑。其實看不清楚未必就是不好；只要公司的方向掌握得好，在產業及競爭的演變裡面大家互相扮演觸角，互相分享，共同成長；雖然要摸著石頭過河，但是還是能夠步步前進，一片光明！」

葛總聽了點點頭。

傑夫接著又說：「記得上次我們幾個人一起去爬玉山，攻頂的經驗吧？在清晨攻頂的過程中，你看得到周圍的情形嗎？不是漆黑一片？即使戴著頭燈也只能看見前方一、兩公尺的範圍，這不就像是『摸著石頭過河』？第一個人跟著嚮導走，每個人跟著前面人的腳步走，因爲除了玉山頂端的星光以外，路上什麼也看不到！爬山過程中哪有人回頭看的？等攻頂成功天亮以後，看清楚來時路，崎嶇羊腸反而讓人腳軟，因而走不動的大有人在呢！所以我認爲經營者位置愈高，看不清楚公司內、外環境是必然的現象，不必因此惶恐。我說過很多次：事業愈大，灰色、模糊地帶愈多；只要方向正確，摸著腳底的石頭，一步步前進才是最好的方式。」

在傑夫舉玉山攻頂的經驗爲例時，畢修一直欲言又止，等到傑夫的解釋終於告一段落，畢修插話了：「爬玉山的比喩是很好；但是還不是那麼貼切。」

「哦？怎麼說？」傑夫問。

畢修看看傑夫，面對葛總解釋道：「不管怎麼說，這玉山別人都爬過了！玉山是不好爬攻頂是辛苦，淸晨的時候的確什麼都看不到；不過已經有一條路在那裡。可是創業不一樣，以葛總來說，葛總走的路，除非公司尙是小規模，還有個學習的對象，因爲你的競爭者比你大，他曾經做過什麼事，你只要跟在後方觀察與學習，然後避免錯誤，甚至於做得比他好，這就有更上層樓的機會，英文所謂的『benchmarking』（設立參考指標）應該就是這麼意思。

等到你的公司成長到一個程度以後，你會成爲『前無古人』，前方根本沒有人供你仿效，因爲這條路根本沒人走過，你就得自己走了。所以要我來說，根本不是爬玉山，而是『拓荒』，自己必然得經過篳路藍縷的階段，自己一試再試，跌跤了趕快爬起來！」

傑夫點點頭，「有道理！篳路藍縷！」

創業宿命分析：最灰色的地方也就是最有機會的地方

一行人已經走到公司前面的紅綠燈前，在等燈號變換的空檔，傑夫接著又說：「最後就是**第四點：『不要』處理現在不能處理的問題**，等時間讓問題演變得更清楚。也就是說現在『不要』煩惱不能掌握的模糊，只要處理能看得清楚的事情即可；有時候保留一些模糊反而比較有彈性。現實狀況下，不管你費多少氣力都不可能百分百確定的話，何必白費力氣想消除灰色地帶呢？」

「那我該怎麼辦嘛？」

「『Learn to deal with it!』我建議你學著如何和灰色地帶相處，甚至於學會如何善用灰色地帶！」

「這怎麼說？善用灰色地帶？難不成你是建議我把這些灰色地帶看成是機會嗎？」葛總語氣裡面有些揶揄的味道。

沒想到傑夫竟然回答：「是啊，我就是這個意思！因爲灰色地帶才是最有機會的地帶。你再想想看，舉公司與公司合作來說吧，就是因爲雙方面在合作上、講法上有些灰色地帶，所以你才能撈一點、他也能撈一點，大家都會有撈過界、佔便宜的感覺，這也才能有水乳交融的機會嘛，對不對？就像九份的陰陽海一樣，一邊是陰一邊是陽，當中必然會有一條灰色地帶存在，雙方才能共存，才能攜手合作；如果什麼事情都要算得很清楚、一條線清楚地畫在當中的話，『水清則無魚』，大家一板一眼，這個合作就有些僵硬，有點困難了。

就算你在這個時候把雙方的權利、義務算清楚了，可是隔了一段時間以後，你還能算得這麼清楚嗎？你能把未來任何時間下的所有狀況都考慮清楚嗎？根本不可能嘛，所以重點是如何掌握並利用這些 gray area 才是！」

創業宿命分析：擴大解釋對你有利的灰色地帶

葛總經理低頭想了想……「嗯，你說的有道理！可是我要怎麼做才能善用這些灰色地帶呢？說得容易，做起來總是有點摸不著頭緒耶！」

傑夫笑了笑，點點頭，「嗯，既然你爽快地答應給我們技術股，我就告訴你我們的作法。第一，我們明明知道有很多灰色地帶，但我們不會刻意去澄清。第二，我們會在這個灰色地帶，以對我們最有利的狀況繼續做我們該做的事情。」

「為什麼你不澄清呢？」

「以你的狀況來解釋好了。假設你今天送個 E-mail 要求某公司送公函給你，你要求對方針對你們合作中不清楚的地方作出澄清。你想想看，現在你的合作對象幾乎都是大公司了，既然你這樣要求，對方一定會透過法務部回應你；一旦透過法務人員回答，對方一定只挑對他最有利、最保守的角度來解釋，還會把各種最壞的狀況以及對策都考慮過了才給你答覆；這不就是等於你自己逼他表態說：『這不包括在內』、『這個東西是你的責任，我們不負責任』等等的官腔嗎？你又何必要求對方澄清這些灰色地帶呢？」

「照你這樣說，萬一以後出問題的時候怎麼辦呢？」

「哎，就是因為有這些灰色地帶，所以大家才能『拗』嘛！有灰色地帶存在，當中不屬於雙方的，你才能跟對方說：『這不是我的、也不是你的，我們大家一起解決困難，一起面對挫折和競爭。』而對他來說，事情都發生了，他也很難撇清關係，既然你認為是灰色，他也會這麼認為；等到事情發生了，大家看起來都有關係嘛，所以當然要一起解決困難了！有時候打混仗也不一定完全會吃虧的；所以我說，有些本質上就屬於模糊地帶的就讓它暫時保持模糊的狀態吧！」

葛總經理若有所悟地點點頭，「那第二呢？你剛說在灰色地帶裡面盡量找對你有利的事情做，這又是什麼意思呢？」

「商業上的合作都存有很多灰色地帶的，你可以稍微擴大一點解釋，對你有利的地方稍微 aggressive（進取）一點，只要不做得太離譜，有時候還可能佔點便宜的！」

「嗳，傑夫，你不會是做一個 miss leading（誤導）的建議吧？我稍微擴大解釋，到時候不會被責怪嗎？」葛總經理斜睨著傑夫問。

傑夫愛笑地搖著頭說：「我並沒有要你做到那個程度啊！我只是說在你認爲可容許的範圍之內，你自己有信心的範圍之內，挑選對你稍微有利的狀況來做……嗳嗳嗳，我可不是要你黑白不分，絕對不是這個意思喔！」傑夫認眞地澄清。

「別這麼認眞嘛！你不是要我盡量利用灰色地帶嗎？所以我現學現賣，將你一軍嘛！」葛總經理擺擺手逗趣地調侃。

「哎喲，你學得還眞快哩！」傑夫罵道。

創業宿命分析：這是你追求的生活嗎？

時間流逝的速度總是讓人驚嘆；當畢修再度接到葛總經理的電話表示想見個面的時候已經與上次見面隔了大半年之久。

電話彼端的葛總雖然以愉快的語調打著招呼，可是言談間似乎還是洩漏了幾分憂鬱與煩惱的味道，這不禁令畢修有些納悶了，上次不是談得很淸楚了嗎？難道當初講了大半天，葛總還是沒聽懂？還是傑夫的建議不適用？畢修皺皺眉，也懷疑會不會是自己過度敏感了？無論如何，見面就知道是怎麼回事了。

隔天下午，在新竹某個餐廳咖啡廳裡面，出現葛總與畢修的身影，兩人對坐抽著煙。葛總沉悶了半天不說話；畢修看看對方，終於忍不住說：「噯，你是怎麼回事？上次的問題不是解決了嗎？還有什麼新出爐的煩惱事？說來聽聽。」

葛總用力擰熄煙頭，吐了一口大氣，調整一下坐姿，這才開口說：「上次你與傑夫告訴我說模糊是創業者的宿命，又告訴我要學會與模糊相處，甚至還可以善用模糊的情況來增加自己的優勢，後來我是眞的採用了你們的說法，初期效果也還不錯，果然在處理人事、合作、產品以及資源分配等等都比過去好很多……」

畢修抬頭瞪了葛總一眼，雖沒答腔，但「這樣不是很好嗎？你還這副GGY的態度幹什麼？」的嗔怪溢於言表。

葛總是明眼人，當然看懂畢修的表情，他尷尬地笑笑，認眞地說：「可是我想不通的是如果創業老闆的生活就是這樣的話，我豈不是這**一輩子**都需要過這種模糊、摸石頭過河，或是在泥巴前進的生活了？」

畢修看看他，一副「所以呢？」的表情。

「那創業還有什麼意思嘛！？」葛總喘了一大口氣後終於吐出了這句話！

「怎麼說？」畢修終於正色地問。

「我是說，我當初創業就是希望可以掌握自己的未來，可以做自己想做的事情，可以發揮自己的理想，可以賺很多的錢過我自己想過的生活……可是現在呢？公司有了成績，可是我自己的『生活品質』卻比以前還不如；錢是多了許多，可是時間也比以前少了很多；不說這個吧，反正創業嘛總得比別人努力，這我也認命了，可是除了時間的減少以外，最糟糕的是我每天都要面對這種『不清楚的灰色地帶』？每天都得學著和灰色地帶的人、事相處？這就與我的個性和過去**什麼都要搞清楚**的訓練與習慣差太多了！就像我剛剛說的，上次跟你們談過以後，我開始學習與模糊相處，一開始的時候還很新鮮，幾個月下來就有些厭煩了，長期這樣下去就很難接受了！」

畢修抬頭看看對方，一本正經地問：「你認爲這種感覺屬於哪一種？是『享受』？『接受』？還是『忍受』？」

葛總笑了起來，「你是尋我開心是吧？什麼話嘛！哪來這麼多的區別？硬要歸類的話，當然是忍受！而且還是屬於不能忍受的事情！」

「那我問你，你當初爲什麼要創業？」

「我創業是因爲我們有技術、有市場，我可以做得比別人好，可以賺錢！套用你的話來說，這些都是『享受』的事情，所以我才創業。」

「現在你創業成功了吧？也享受到創業成果，可是你要繼續成長就會面臨到這些模糊，必須學著與灰色地帶相處，你何不視這些爲創業必須『忍受』的代價呢？要享受創業的成果，要繼續成長，你總得付出代價吧？」畢修反駁地說著。

「我當然願意付出代價，我工作時間比別人長很多，經常沒有足夠時間與心情好好地吃頓飯，許多事情都需要自己親自面對，在辦公室裡面找不到可以談論心情與事情的適合對象，這些都是我需要忍受的代價；而這些我也都可以接受。但是要我長期學習與灰色地帶相處，甚至要喜歡處理灰色事情的話，在我看來，這就是一種心理上的折磨了，難以忍受的啦！」葛總一陣搶白，語調愈來愈高，惹得周圍的人都往這邊瞧著。

畢修看看葛總，「你要嘛就不要創業；不然另外還有個選擇，那就是維持公司規模與成長在一個程度以內，不要過度擴充，這樣你所面對的問題與模糊就不會太雜、太多。我想成長只要限定在一定的範圍內，絕大部分的事情都屬於熟悉的事情，每天需要處理的意外就可以少一些了！」

葛總聽了皺皺眉，「這樣豈不是『自我設限』？」

畢修笑著說：「照你這樣說的話，似乎『自我設限』是一件不好的事情？你不知道嗎，其實**管理就是一種自我設限**！這樣才能夠集中精神，專注地做好手頭上的事情嘛！自我設限有什麼不好的？不過我們今天先不談管理的大道理，還是回到主題吧，不然談不完了。就像上次傑夫所說的，一旦你由創業初期的產品導向成長到處理業務、人和資源分配以後，你就不得不處理灰色地帶，因爲這些事物本質上就是混在一起難以區分的。要創業、要成長，你就必須接受這些；哪有人光要好的卻不付出代價呢？你難道沒聽說過『No pain, No gain』（成功要付出代價）嗎？」

「照你這樣講的話，一旦我創業，一旦我要成長，必然得習慣這種泥巴生活，這是沒有什麼好選擇的囉？」

畢修笑笑，舉起咖啡杯做出敬酒的姿勢，意思已經清楚得很了。畢修看看錶，邊起身邊說了一句話：「是呀，英文的說法就是『take it or leave it』（取捨在你自己）。其實還有另外的選擇，就是把公司賣掉，或是另外找人接手，然後你自己當個快樂的投資者；不過我看你都做不到，所以不必花時間談這些了。我還有事情先走了，你慢慢享受創業的苦樂談囉；恕我不奉陪了。」

等畢修回到辦公室，看到傑夫正閒著沒事幹，乾脆把剛剛的情形描述給傑夫聽，看他有什麼看法？

傑夫聽完沒有說什麼，過了許久，才說了一段話：「我想這是想要有 peace of mind（安心的感覺）吧？大家都希望得到 peace of mind；可是一旦創業之後，這個 peace of mind 就受到許多因素的影響，不是自己可以掌握的了。既然創業就是做生意，就是與人打交道，創業的特性就是搶資源、競爭個你死我活的，這樣的本質原本就不可能讓人感到放心、安心的；這時候還要求回復過去事事都明確、都有把握的明確感？我看本來就是緣木求魚。」

過了一會，畢修突然想到一件事情，他說：「照你這樣說的話，創業會不會是一種『trade-off』（取捨），在自己喜歡的事情與不喜歡的事情之間取捨？」

傑夫想了想，回道：「講得好！……不過我想如果用『均衡』兩字來形容也很貼切吧？！創業就是在自己喜歡的事情與不喜歡的心情裡面取得均衡，取得均衡就可以有 peace of mind；沒有辦法取得均衡就會度日如年，甚至悔不當初，責怪自己當時爲什麼要出來創業。你認爲如何？」

兩人靜了兩秒鐘，不約而同大笑。創業不就是這樣嗎？創業愈成功，帶來愈多的快樂，相對的也帶來愈多的煩惱與心理壓力吧？

問題是只要你開始創業了，不管會不會成功，這種壓力都是必然存在，而且永遠也不可能避開的啦！享受、接受、忍受，你總得找到一個方法面對它才行。

想來創業還有點自討苦吃耶！

9

午夜夢迴篇

表面金手銬，實質自由路

職場上的資深主管似乎每個人都會埋怨自己套個金手銬，

可是金手銬有什麼不好？有錢又有權呢！

表面上看來是個金手銬，實質上呢？

如果有人現身說法證明說金手銬只是表象，

其實這才是眞正的自由。

【迷思點】

「你爲什麼要創業？」這是達利問所有創業者的第一個問題。是爲了賺錢？爲了追求成就感？爲了實現理想？還是爲了自由？問題是，創業眞的可以獲得創業者所期盼的自由嗎？

何謂職場的金手銬？被銬上金手銬是不是就代表有錢可是沒有自由？眞相又是如何呢？職場上的資深主管似乎每個人都會埋怨自己套個金手銬……可是金手銬有什麼不好？有錢又有權呢！

表面上看來是個金手銬，實質上呢？如果有人現身說法證明說金手銬只是表象，其實這才是眞正的自由，你相信他的話嗎？

你曾經想過離開現職，自己創業當老闆嗎？如果連上述的關鍵都還搞不清楚的話，你不是在死胡同裡面打轉嗎？

【故事主角】

平景：BIG公司的副總經理

達利的會議室。傑夫和BIG公司的平景副總經理面對面坐著，傑夫雙頭抱著後腦，眼睛朝上直視天花板；平副總則低著頭，皺著眉……酷寒的冬天，兩人面前杯子裡的咖啡已經沒什麼熱氣，看起來似乎連一口都沒喝過……也不知道會議室裡這兩人剛剛談了些什麼，室內的氣氛籠罩著幾分沉悶與無奈。

「方才聽你說了這麼多，但我還是搞不懂你爲什麼『坐』不住，想出去創業耶？」傑夫忍不住搔搔頭，臉上堆滿疑問，視線從天花板移向平副總經理，明顯一副百思不解的樣子。

坐在傑夫面前的是一位年近五十的人，耳鬢幾分斑白，略微發福的身態果然顯得「坐」立不安；到底是什麼原因讓平副總「坐」不住呢？

也難怪傑夫驚訝了，想這位平副總經理在ＢＩＧ公司的資歷已有十多年。資訊科技公司的待遇總是不錯的，加上ＢＩＧ公司已經上市，根據報紙所刊載的，ＢＩＧ每年都會發紅利，即使在不景氣的狀況下也都比同業高一些；這樣一個好工作、好待遇，不正是一般職場人想要追求的目標嗎？

平副總經理可說是功成名就了，這還有什麼不滿足的？傑夫一想到這裡就納悶，這位平副總心裡到底在想些什麼？怪不得名字叫平景（瓶頸）！難道是中年的更年期作祟？怎麼會捨得過去努力十多年才擁有的地位、收入、頭銜和影響力等等，竟然想學年輕人出去創業來了？百思不得其解到「胡思亂想」的傑夫瞇起一雙眼，直視著平副總，雖然坐著的姿勢變了又變，眼神中質疑的味道卻愈來愈深。

另一方面，平副總看到傑夫這樣的表情，心裡也頗不舒坦；照理說創投人對創業者的來訪不是應該展開雙臂歡迎，說「多多益善」的嗎？怎麼傑夫一聽見他要創業反而一臉驚訝相對？何況兩個人還見過幾次面，算是熟識的人……唉，早知道傑夫會是這種反應，他就不來了。想到這，平副總忍不住在心裡質問：中年創業難道有什麼不對的？創業又不是年輕人的專利！國內一些大老當初不也是五十好幾才回臺灣創業的嗎？

平副總在商場打滾久了，也不是什麼省油的燈；好吧，既然傑夫是這種表情，那他乾脆以退為進。想到這，平副總擠出幾分笑容，反問傑夫說：「傑夫，先不說我吧，你有沒有想過自己出來創業呢？」

創業解惑：作哪行怨哪行

「嗄？什麼？我？創業？」傑夫聞言楞了楞，有些驚訝客人怎麼提出這樣的問題來了？

「是呀，你難道沒有想過創業嗎？」平副總又問了一次。

其實前陣子傑夫在國內某機構演講談到對創業者的一些看法的時候，當場就有人問傑夫這個問題了；大家似乎都有些好奇，創投業者既然對市場這麼了解，對成功之道也說得頭頭是道，那創投業者自己為什麼不出來創業呢？是因為投資者看了太多不成功的案例，怕自己也失敗不好意思，所以不敢出來創業？還是另有其他的原因？

傑夫搔搔頭，有些尷尬，略事思考後神態馬上恢復自然，他反問平副總說：「從你的角度來看，創業眞正的目的在哪裡？」

傑夫的反問又是個不折不扣、典型的《達利教戰守則》的回答模式：不要直接回答，盡量用另一個問題來回答對方的問題；其實這也是老油條的投資者在面對對方問題的時候取巧的地方，他們一般的處理方式有兩個：

第一，以相關或是另外的問題來反問對方，免除自己被對方牽著鼻子走的劣勢。

第二，先否定對方的問題，藉以擾亂對方的思考邏輯；然後再慢慢地找答案。

傑夫的方法果然奏效！談到創業目的，這個問題對正想創業的人可是個嚴肅的話題；只見平副總深吸了一口氣，簡單扼要地回答：「創業不過幾個原因：第一，讓自己的理想有發揮的空間。」

「嗯，有道理。」傑夫點點頭。

「其次是『賺錢』和『追求成就感』了。我想大概就是這三個目的吧！」平副總說。

傑夫繼續追問：「倘若你繼續留在BIG，這三個目的裡面有哪個做不到呢？難道在BIG沒有發揮的空間嗎？你賺的錢也不少了吧！還是現在的工作沒有成就感呢？」才三兩下，傑夫又藉著不斷發問問題而重新掌握發言權了。

事實上，在《達利教戰守則》裡面就很明白地教導所有的AO，必須學會不斷地問問題，而且是一個問題接著一個地問。在達利內部，只要新進的人學會不斷地問問題，就可以算是出師，才夠資格單獨和投資者見面；如果能力不及這個程度，便不能單獨與上門的創業者見面，也不能單獨去「掃街」，必須央求資深的同事一起行動才行。有人形容達利這種「會問問題才能獨當一面」的要求很像律師樓裡有律師執照的人才能單獨提供法律諮詢似的。

「呃……」傑夫的這個問題顯然碰觸到平副總內心的痛處了，他的臉色瞬間沉了下來，語氣也有些沮喪：「表面看來我現在似乎混得很不錯，其實告訴你吧，在BIG成就感不大，發揮的空間也不多，只有收入一項還可以。」

「哦？」傑夫沒想到平副總倒是快人快語，因而也有些錯愕，忍不住好奇地問：「爲什麼呢？你已經是公司的一級主管，而且已經工作相當長的時間了，怎麼會對『成就感』與『自我發揮』有這麼令人意外的感覺呢？」

「唉！」平副總未答先嘆氣，「我解釋給你聽吧，你一聽便會懂了。在我看來，我們公司有既定的產品路線，每年的發展方向也不是我一個人可以決定或是改變的，即使要修正產品線，也得經過大家討論以後才能夠決定，即使我想要自己發展一些新產品，如果沒有得到大家的認可的話，我也只能小搞搞而已，並不能眞正大幹一場的，加上不斷的檢討業績，雖然我有很大的決定權，終究得考慮老闆、同事和公司的獲利能力……在這種種限制下，實際上我能發揮的空間並不如外界想像那麼多。再說吧，現在部門愈來愈大，經常要跟很多同事溝通協調，甚至下個決定還得跟很多部門協調……傑夫，你有所不知哪，在這樣的大公司，尤其是上市公司，要做成一件事得層層溝通，這種精神耗費與時間拖延的壓力其實是很大的。」

平副總不說還好，一打開話匣子，滿腹牢騷就不說不痛快了；不等傑夫開口發問，他一洩千里地又說個不停：「以前公司很小的時候，只要幾個重要人物討論後馬上可以做出決定；可是現在複雜多了，任何事都要考慮到會不會影響股價、會不會衝擊獲利率、對同事士氣以及團隊合作有沒有幫助；加上現在許多事情都牽涉比較廣，部門分工也趨向細密，所以花費在不同部門之間的溝通時間與精神也愈來愈多，不只同事之間要溝通，甚至還經常要和外部股東溝通，說是『內外夾攻』也不爲過。唉，傑夫，這些都讓我覺得愈來愈不自由了。」

「可是在金錢收入上總是BIG公司比較穩定吧？」傑夫抽空插了個問題。

「不瞞你說，我現在工作上的待遇的確是不錯，個人財務承擔的風險也不高，可是你只見其一，不見其二呀！現在待遇雖然不錯，可是成就感相對地也乏善可陳；最糟糕的是……哎，你也知道我是技術出身，我對一些新產品、新技術還是一直有些自己的看法，這些想法要在BIG執行的話GGYY太多，根本沒辦法依照我的意願來做。以前因爲忙所以沒有辦法發揮這部分理想也就罷了，可是愈來我愈感覺心有不甘耶……不知道怎麼搞的，我現在待在公司裡面有些度日如年的感覺，所以想出來創業已經想了好一陣子了。」

創業解惑：創業不如待在原來公司

平副總吐完苦水後看看傑夫，問道：「你呢？我剛問你要不要創業？你的看法又是如何？我講我的，你也得說說你的才公平吧！」是半威脅半要求的語氣。

傑夫哈哈笑了兩聲，原本認爲繞了半天可以躲過這個問題，沒想到平副總也是「洞庭湖的麻雀，經過大風大浪的」，看來虛應一下故事，不回答，這招是拖不過去了；既然躲不過，就直截了當回答來得乾脆些：「我的回答等會一定說；先針對你的狀況聊聊吧！坦白說，我有不同的看法，我認爲你應該繼續留在BIG公司。」

傑夫這個破題法可是出了平副總的意料之外，雖然他滿臉狐疑，可是老江湖究竟不同，他端起冰冷的咖啡勉強喝了一口，悶不吭聲地等傑夫自己開口解釋。

傑夫看看對方的表情，語氣和緩地娓娓解釋開來：「我有幾個理由：第一，在BIG資源比較多，所以做事的格局以及可行性都遠比自己創業大得多；自己創業的話，首先遭遇的問題就是資源不夠。我看你也不像是小搞搞的人，所以我大膽地斷言，你想做的事會有些規模，而這可是需要龐大的資金耶！除了資金，你還需要人才，你如何招募人才、如何激勵、提高他們的士氣？如何建立自己的經營團隊？這些都不是容易事情唷！」

「可是……」平副總一聽眉頭皺了起來，不知是心有戚戚焉，還是不以爲然。

傑夫擺擺手，示意平副總先別打岔，「再說吧，在BIG除了資源多，大家做事的方法和習慣比較一致之外，別人上門找你合作的比率和機會也比自己創業會多得多，照理說你在這裡的發展空間會比較大；而且在BIG這個大公司，雖然部門分工細密，需要經常溝通，但是你自己應該擁有相當的自主權，是不是？坦白說，你已經是一級主管，眞想做些事情有誰能攔住你？依我看，倘若要論發揮空間和成就感，反而是待在BIG才能滿足你的期望。所以總結來看，在BIG舞臺大、資源多、機會也多，我想不通你為什麼要出來創業？」

「怎麼經你一說，創業這事感覺完全不對了？」平副總聽了傑夫的話有點氣惱。「嘿，投資者不是應該鼓勵大家創業的嗎？你怎麼跟我唱反調，做起反行銷（anti-marketing）來了！」

傑夫同情地看著平副總，心裡忍不住感嘆：唉，這或許又是另一個迷思頭家的想法了！

傑夫端起咖啡杯，喝口早就冷過頭的咖啡，邊想些適當的說法來緩和氣氛……

「唔，副總，我不是澆你冷水。這樣說吧，很多人都以為在原來的公司限制太多，所以如果累積了一點錢，就一股腦兒認定自己創業可以擺脫所有的限制，然後就海闊天空，可以自由發揮了。沒錯，創業是可以掙脫過去的限制，但是你有沒有想到，其實拋離過去的限制以後會有新的限制接踵而至呢？我想的是，在創業之初，一切缺乏，沒有資源、沒有團隊，產品技術和市場都要花時間與精神開發，在這樣的情況下，我有些疑惑的是：『創業者眞的可以自由地做自己當初想做的事情嗎？』」說到這，傑夫有意地停了停，看看平副總的表情，確定平副總惱怒的神情慢慢消失了，他才敢繼續說下去……

「如果利用原來公司的資源和舞臺爲公司開創新事業都力有未逮，自己出來創業反而能開創出更好的局面嗎？對這點，我有些迷惑！」傑夫有意說成是自己的迷惑，省得又激起對方惱怒導致尷尬的局面，這總是不好。

「所以如果你問我：到底是該留在ＢＩＧ好？還是出來創業好？老實說，我對創業的好處有很多的疑惑；反倒是認爲待在原來的公司才是眞正的自由耶！」這一大段話說得斷斷續續，終於也把想要講的話講完了，看看平副總表情還算平靜，傑夫總算鬆了一口氣。

創業解惑：誰被銬了「手銬」？

沒想到不到兩分鐘，平副總的臉色像是演出川劇的「變臉」，又變得非常難看了，還一副不服氣的樣子；傑夫暗叫了聲「糟糕」，在心裡罵自己怎麼又犯了「時然後言」的大忌！

果然，平副總一開口語氣就有些激動，完全是辯駁的語氣：「照你這樣說，這和我們所謂的『金手銬』(golden handcuff) 有什麼不一樣？就引用你自己的說法吧，我看你才是被金手銬銬住了呢！所以才會勸我銬著金手銬運作！金絲鳥關在籠子裡免除了日曬雨淋，當然是快樂的囉！不愁吃穿，可是多不自由啊！」

「平副總所言甚是！」傑夫笑了笑，試圖先緩和一下氣氛，「當然了，外面人看來我好像是銬了個金手銬，你說的有道理呀！」說著說著，還故意擺出手被銬著的姿勢。

平副總見狀便知道自己失態了。本來是自己上門請教投資者的，剛剛的失態難免會弄巧成拙，何況是自己主動詢問傑夫的看法，聽到傑夫說眞話卻反而發脾氣，這總是說不過去的；想到這，臉色難免有些尷尬，於是乾笑兩聲，算是打個圓場……「剛剛是我失態了，對不起！請繼續！」

傑夫看到平副總態度的轉變，友善地笑笑，看來該說的還是得說出來，不然客人不會甘休的……「副總，在我看來，所謂的『手銬』到底是什麼意思呢？是讓你雙手眞的無法動彈才叫手銬吧！據我所聽說，國內這些大型企業對一、二級主管的限制並不多吧？臺灣的公司在整個組織結構上和國外所謂的 well-organized（早就定型的）組織規劃還是不一樣的吧？臺灣的大企業組織結構不像國外設計的那麼刻板，在責權分工上也還沒有發揮到國外層層節制的程度，反倒是比較多授權，尤其是資訊業裡面的主管都比較可以獨當一面吧？

相對來看，國外 well-organized 的公司對每個人的權利義務以及工作執掌都規劃得清清楚楚，連海外分公司的總經理也有許多限制，像是財務權、法務權，甚至連市場權都不屬於海外分公司總經理管轄，所有重要事情的決定權都完全隸屬於總部。對了，副總你還記得S君嗎？S君擔任美國某公司駐臺灣的總經理，他眞正的決定權是什麼？不過是業務的代表總經理；雖然是總經理，在定價、市場、法律、合約和財務各方面卻都沒有決定權，我認爲這種工作才叫『金手銬』哪！你現在的工作自由度大得多了吧？哪有什麼金手銬呢？」

平副總看著傑夫，知道傑夫話還沒說完，索性抬抬下巴，示意傑夫一吐爲快。

「在我看來，你現在是一級主管，倘若想做產品開發，應該有自己的預算和人力，不像那些國外在臺灣的分公司事事都要請示總部；像你、我的狀況，怎能算是金手銬呢？嚴格來說，**BIG只給了你貴重的『金』，但卻不是『手銬』**！依我說，你有豐沛的資源可以應用，這種自由、發揮空間與成就感只有繼續留在BIG才有吧？所以從你創業的三個目的看來，我還是相信留在BIG會比你自己出去創業好。」

創業解惑：創業B2B

平副總收回視線，想了想，語氣有些鬆動，但是還有幾分不甘示弱：「我是以一個創業者的身分來找你的，你怎麼反而勸我不要創業呢？」

「哈！」傑夫忍不住哈哈大笑，「那你認爲我應該怎麼做才對呢？」

這一問，平副總也難爲情地笑了出來，發現自己過於激動，他放低音量回答：「照理說，你應該多多鼓勵大家出來創業，一堆人出來創業，你才能選擇對你最有利的投資條件嘛！」

「是沒錯，站在投資者的立場，我們是應該鼓勵大家創業；不過這只是似是而非，因爲太多人不適合創業了。」

「哦？」平副總很驚訝，「這怎麼說？」

「老實說，投資者的功能並不是挑選而已，投資者要做的事情多著呢！」傑夫輕描淡寫，想打混過去。

平副總揚揚眉，「噯，既然開了頭，怎麼說了一半呢？投資者要做的事情到底有哪些？」

傑夫有些遲疑該不該說……

平副總又催促道：「既然你做投資這麼久了，你到底說說看，你們自己認爲『理想的投資者』該做的事情是什麼？」

傑夫看看是躲不過了，嘆了一口氣，「我這是自討苦吃！等我說了『理想的投資者素描』以後，豈不是落人口實？以後你要求我樣樣俱到的話，我豈不是自找麻煩？

也罷！也罷！既然你告訴我這麼多你的感想，我只好投桃報李，就告訴你一些投資界的行業祕密吧！在投資同業裡面彼此都知道，一個良好的投資者應該扮演的角色就好像是個『個人顧問』一樣，或許比喻成醫生問診吧，當一個創業者找上門來告訴我們說他想創業的時候，我們應該做的其實不是挑剔他値不値得投資，也不是判斷他做的項目是不是熱門，而是應該站在他的立場來考量幾點B2B的基本問題。」

「B2B？」一臉不解寫在臉上。

「稍安勿躁！我們所謂的B2B不是網路的Business to Business，而是back to basics，

回歸創業最基本面的三個問題：

第一，他到底適不適合創業？

第二，他如果適合創業，還欠缺什麼條件？需要什麼資源？

第三，這些資源能不能找得到？

在我們看來，如果他不知道自己缺什麼資源的話，這種人要不就是不知天高地厚，要不就是眼高手低，所以根本不應該出來創業；再說吧，如果他缺的資源補不齊的話，就是個『跛腳鴨』的創業者，這也不應該出來創業。」傑夫據實以告。

平副總畢竟也經過不少歷練，立刻聽出傑夫話中的涵義，「你是暗示說，我無法找到我創業所需要的資源嗎？……怪不得你不鼓勵我創業，反而要打擊我創業的意圖，是不是這樣？」說著說著，聲調又不自覺提高了。

傑夫擺擺手，笑容立刻堆上臉，趕緊安撫平副總：「哎呀，我話還沒說完呢，你先別著急嘛！對你而言，創業的題目很好，資源你也找得到……上述這些都不適用於你的啦；我還有第四項沒有說呢，第四項才適用於你的狀況，別急，別急……」

平副總看看傑夫，有些尷尬地爲自己的衝動笑了笑。

「至於你這個創業嘛，我們第四項考量的，就是創業者如果不創業的話，還有沒有其他更好的選擇？」

「哦？」

「嗯，從我來看，留在原來公司就是一個比創業更好的選擇！所以我一直想不透的是你為什麼堅持要出來創業呢？副總，對你來說，即使前三項考量都是正面的，但是你還有其他更好的選擇權，何必堅持一定要創業呢？待在原來的公司發揮空間還比較大，成就感也會比較多的嘛！」說著說著，傑夫故意嘆口氣，「唉，你看，創投也很難為哩！當創投到底應該怎麼跟創業者說話才對？看來說的不恰當的話，還會惹得人家不高興呢！」說到最後，傑夫索性也吐吐苦水。

創業解惑：創投四等人

平副總不禁苦笑，語帶同情地問：「那你認為創投應該怎麼做比較好呢？」

傑夫故意擺出哀怨的眼神，佯裝生氣地輕斥：「幹嘛？我是勸你留在原來的公司繼續發揮，不是勸你在原來的公司當個創投來跟我競爭；你現在反過來問我創投怎麼做，我為什麼要告訴你呢？」

「哎喲，既然你都講到這個樣子了，再多說一點嘛！」

傑夫忍不住在心裡叨念：這平副總果然是做生意出身，敢要得很！不過只猶豫了兩秒，傑夫立即爽快地答應。

「其實創投的角色我已經說了很多了……另外再附送一個吧！在達利，我們對創投有幾個分類：

第三類，最低等的創投，就是你問他問題，他不但不告訴你實話，甚至還會告訴你假的訊息，把你兜得團團轉。

其次是稍微好一點的創投，你問他一，他只回答一，你不問他就不答，也就是所謂的『善待問者如撞鐘，撞之以大者大鳴，撞之以小者小鳴，不撞不鳴。』

最後第一類創投才是最好的，即使是你沒問的問題，他也會進一步告訴你，提醒你有什麼問題存在，以及哪些問題是你應該多考慮的項目。至於我們嘛……」傑夫一副不言而喻，似笑非笑的表情，態度上一點都不客氣地繼續說：「你看，就像我們今天的見面吧，即使你不問我，可是我也會站在你的角度主動爲你想到許多事情。一般創業者都只會從創業者的角度來看事情，經驗有時候也不夠，所以往往想的比較單純；我們就不同了，我們見多了公司的成長、成功，也看多了『踢鐵板』的公司，所以我們比較可能設身處地，想到各種可能的狀況；交情好的話還可以爲你釐清各種考慮，像我們這樣的投資者才是最有價值的投資者！」果眞是大言不慚得很！

「看來你們的價值也包括爲我分析利弊得失，然後告訴我不適合創業囉？」平副總追根究底地問。

「既然你打破砂鍋，我就知無不言囉！」傑夫聳聳肩，「如果我是你的話，了解創業需要這麼多資源，還必須經歷許多挫折和困難，這些與你當初創業的目的有所違背的話，我當然會勸你不要創業囉！我這可是站在你的角度爲你提供一個最好的建議的；至於聽不聽，那就是你的事情了，我言盡於此。」

創業解惑：坦誠互惠的朋友關係是關鍵

平副總歪頭想了想，瞇起眼，好奇地問：「你知無不言，處處爲我打算的話，對你有什麼好處呢？」

傑夫笑了笑，「你是明白人，我一講你就清楚，我的好處可多著呢！

第一，你會敬重我給你的意見，因爲你遲早會發覺我提供的意見最中肯。

第二，你會喜歡跟我交朋友。當投資者的人，最重要的就是人際關係。你如果願意和我交朋友，下次我登門拜訪時，你不但會跟我見面，還會願意和我聊一些內心眞正的想法，因爲我們彼此的關係不一樣。

第三，以後你遇到創業的朋友，你也會推薦他們來找我，如此一來，我們的關係不是愈來愈密切了嘛！透過你，我又可以拓展和其他未來創業者的關係。

第四，假設有一些新的投資機會產生，我找你合作，基於我們之間那麼坦誠的關係，你會願意跟我接觸。所以我並不吃虧，不是嗎？我只是忠於我的工作，拓展人脈、增加我們之間的認識、讓我們的關係更深入，以便創造更多合作的機會。」

聽傑夫細數這許多好處，平副總瞠目結舌，沉默了許久後才點點頭，以佩服又略帶調侃的語氣把傑夫誇了一頓：「嘿，傑夫啊，我發覺還是你厲害！講了半天，我想問你創業的事，你不但把我原來的想法完全打掉了，還讓我感覺你很正直、很有價值，讓我覺得應該跟你交朋友；不只如此，甚至還讓我覺得欠你人情；以後倘若有人問起，我還有義務幫你講好話，還得把一些好的投資案例介紹給你；日後你來找我幫忙，我還有義務和人情和你合作……嘖，你這個投資者實在厲害！正、反你都佔得便宜。」

傑夫忍不住哈哈大笑：「創投業就是這個樣子，『花花轎子人抬人』嘛！哪天我來找你幫忙，你不也一樣知無不言、言無不盡！彼此彼此啦！」

創業解惑：何不在原來公司做呢？

平副總經理告辭後，傑夫回到樓上，看見畢修在辦公室，迫不及待和畢修分享剛剛的會議狀況。

畢修聽著傑夫的陳述，臉上的笑意愈來愈深；當傑夫將整個狀況大致敍述後，畢修接口了：「喔，就這樣嗎？嗯，你這說法倒是有趣，反而鼓勵平副總不要創業；不過對我們的好處應該不只你說的那些吧！」

傑夫一聽畢修用的是肯定句，看了看眼前這合作了十幾年的老夥伴，狡猾地笑著回答：「當然不只這樣囉！」

「還有什麼好處你沒說呢？」畢修追問。

「其實我還有一句話沒告訴平副總。你看，他現在在BIG位高而權重，又有強烈的企圖心，我推斷未來他在BIG的發展前途必然不會太差，因此他留在原來公司的話對我們比較有利，不是嗎？如果他自己創業，對我們的幫助反而不大，我當然希望他留在BIG囉！嘿，說實話我是有些私心啦！」對自己人還是主動說實話來得好。

「不過我剛剛提供給他的建議也不完全是騙他，我說的完全是事實、客觀的分析罷了……」爲了怕畢修誤解自己的出發點，傑夫趕忙多解釋一些。

「喔，所以你給的建議不只對平副總有利，對我們也有利的。」畢修搶白。

「當然啦，我們的工作不就是這樣嘛，一方面告訴創業者有利於他的事；一方面也要兼顧我們自己的利益，這才叫 win win（雙贏）嘛！」

「哈，你對 win win 的解釋倒是與眾不同啊！對平副總有利，也對我們有利，嗯，這樣的說法倒是不錯！」畢修也不吝於稱讚傑夫。

倆人又談了一些事，笑談間傑夫不知想起什麼，突然收起笑容，語帶感慨地說道：「很多人都以爲創業可以獲得自由，卻不知道留在原來的公司才能眞正擁有發揮的空間，何必騎驢找馬，拋棄已經建構好的基礎從零做起呢？」

畢修對於傑夫的有感而發，一向都是以他的一號表情點三個頭表示同意。

「平副總要創業的事，一個月前已經找我談過；上次我聽了後，只是建議他把創業要做的業務留在公司裡做，沒想到你對他那麼有耐性，給了他那麼多由衷的意見。老實說，我猜他還是不會放棄的；不過，凡走過必留痕跡，你今天如此拿你的眞心對他，他日後對你必有回報。」畢修說。

傑夫想了想，又補充說道：「況且現在他在公司裡面，看到的當然都是不自由、不能盡情發揮的缺點；可是等他自己出去創業以後，才會發現許多過去視之當然的好處現在都不見了，這時候必然後悔不已；加上從零做起處處受限，根本沒有自由可言。**你我都知道從零做起並不自由，留在原來的公司繼續發揮其實才能眞正擁有自由**。關於自由，很多人都只看到一面，卻忽略了另外一面；身爲投資者的我們不就是要幫助這些朋友看見完整的兩面，這樣對創業的選擇才不至於後悔嘛，是不是？」說著說著，傑夫想起方才平副總離開時略帶感謝的表情，更確信自己是個不錯的投資者。

這邊，畢修卻狗尾續貂地又把話題拉回平副總的創業……「而且說眞的，他眞要出來做，我也不贊成投資他，他要做的那個產品要是眞的那麼好，爲什麼他公司會不支持他呢？一定有些什麼原因他沒對我們講！」

傑夫似乎有點不同意：「話也不能這麼講！有多少成功的公司都是因爲當初一個產品創意不被原雇主採納而自己出來做，最後卻做到大鳴大放的！不過我也同意你不投資平副總的決定是對的，倒不是因爲產品不對，而是人的問題。」

畢修突然有感而發地把話題從平副總身上移開：「你倒是說說看，我們兩個人到底是套著金手銬的籠中鳥呢？還是兩個潛力無限、資源龐大的自由人？」

「我不知道！但是你想想看，到現在爲止，有哪幾樣事是**你想做可是別人不讓你做的**？」傑夫輕描淡寫地回答。

畢修心想這話也有幾分道理，忍不住和傑夫互看兩眼，兩人同時開懷大笑，吵得辦公室外的愛麗絲小姐又頻頻探頭，奇怪的表情好像寫著：今天這兩個老闆又是怎麼啦？

10
長期作伙走 vs. 千山你獨行

You are on your own

創業者以爲是「苦盡甘來的成人禮」；

投資者卻認爲是「獲利了結的起跑點」。

創業者在成人禮之前處處有人照顧；

慶祝完成人禮後一切靠自己！

創業者以爲苦盡甘來；

投資者卻要你好自爲之！

【前言】

你聽過投資界也有「成人禮」這回事嗎？

創業者以爲這是「苦盡甘來的成人禮」；投資者卻以爲這是「獲利了結的起跑點」。

創業者在成人禮之前處處有人照顧；慶祝完成人禮後卻一切靠自己！

創業者以爲苦盡甘來；投資者卻要你好自爲之！

創業者以爲是「長期作伙走」；投資者卻認爲是「千山你獨行」！

【故事主角】

利多科技經營團隊及董監事

利多科技總經理辦公室。錢總經理忙碌的身影突然在辦公桌前靜止不動，兩眼直視電腦螢幕的她，思緒僵在達利愛麗思小姐寄來的邀請函上……

「投資成人禮？這是什麼意思？」一陣喃喃自語後，錢總經理又回過頭仔細閱讀邀請函的內容——

爲了答謝貴公司經營團隊的努力以及其他董事們的支持，我們依照創利慣例特別安排「投資成人禮」筵席一桌，慶賀貴公司經歷初創、育成、成長、茁壯並進到成人的過程，並藉此預祝貴公司從今以後在產業界可以有更好的基礎與條件與其他公司一較長短、逐鹿中原！……除了敬請貴公司主要的經營團隊成員爲主客外，並請代邀貴公司董監事一起聊天，聯絡感情。

「除了主要經營團隊，還要邀請董監事啊？這麼愼重其事？……不過我怎麼從來都沒聽過投資界有『成人禮』這回事……該不會是我太孤陋寡聞吧？還是達利又創了什麼新奇的點子了？」

正在納悶時，錢總經理念頭一轉，自言自語道：「知之爲知之，不知爲不知，是知也！管他是我孤陋寡聞還是達利的新花招，問問不就明白了嘛！」想到這，錢總經理立刻撥通傑夫的電話。說的也是，問當事人最明白不過了！

業者獨創的投資成人禮

電話一接通，錢總經理也顧不得寒暄，直截了當說明打電話的用意。

「喔，原來是爲了『投資成人禮』的事啊！」傑夫笑了笑。

「傑夫，你現在方便說話嗎？」從話筒裡，錢總經理似乎聽見其他人說話的聲音，因而客氣地問。

「喔，我們自己的內部會議……不過既然你打電話來了，我還是簡單扼要地為你解釋一下這成人禮吧！」一來不耽誤錢總的時間，二來傑夫自己正在主持達利的內部會議，所以大略地解釋了成人禮的意義：「因為利多努力有成，公司已經賺錢，不只賺錢，還把過去的累積虧損都補回來了，看來從現在開始到不遠的將來，公司會一路穩定成長。所以從我們的角度來看，理所當然應該舉辦一個成人禮來感謝大家的辛勞，也邀請其他董事和重要人物，以及過去曾經幫助過你們的這些人，藉這個機會表達我們的謝意。」

「原來是這樣啊！」錢總經理不知道是因為傑夫的這番話還是因為公司的成長順利，也吟吟地笑開了，「這怎麼好意思呢?這麼勞師動眾的!」

「是勞師動眾，不過也表示達利態度的慎重。你想想看，身為投資者的我們投資一個公司，比如說利多吧，在公司還未成年前，不就像一個小嬰兒?而我們投資者就像是一個奶媽，不只要餵奶，還要把屎把尿，然後公司犯錯我們還要去向別人致歉……我們付出這麼多，不就是為了幫助公司起來嗎?」

聽到傑夫這麼「淺顯易懂」的解釋，錢總經理又好氣又好笑，最後還是忍不住哈哈笑了兩聲，正要說一些由衷感謝的話，卻被傑夫先搶去說話權……

只聽到傑夫話鋒一轉，「但是這小孩一到二十歲成年以後就不一樣了!二十歲之前，創業者並沒有太多的自由；二十歲以後，你成年了，投資者的角色也要改變，這時候我們只能提供建議，至於聽不聽決定權在你；我們給你關懷，你要不要接受決定權也在你。總之，我們不該把成年以後的公司視為禁臠，態度也要不一樣；而創業者也要體認自己已經成人，不要動不動就回家拿錢，反而應該開始賺錢孝敬爸媽了。……唔，錢總，我們就先說到這，其餘的筵席上見面再談吧？！」

「呃……好吧！」錢總經理楞了楞，直覺上感覺傑夫的解釋有些「詭異」，但傑夫正在會議中，她不方便打擾太久，還是決定收線了。

成人禮的涵義：態度、角色、作法的轉變

成人禮如期慎重地舉行。

果然除了重要的經營團隊之外，還有其他的董監事也一起參加。觥籌交錯的場面，大家情緒都很亢奮，畢竟一個公司展露鋒芒總是令人雀躍的事。

笑談間，有人發問了：「達利怎麼會想到這投資成人禮呢？涵義是什麼？」

其實傑夫和畢修正在等出席宴會的人提出這個問題，好不容易等到了，兩人很快地相視而笑，一搭一唱便解釋開了。

「要說這成人禮嘛，代表達利所投資的公司不只開始賺錢，還把以前的虧損都補回來；

像這種公司，達利都會舉辦一個很愼重的成人禮，邀請所有董事和重要的經營團隊，由達利出面，感謝這些經營團隊。」傑夫說。

「一定要把過去的累積虧損都補回來才符合要求嗎？」一位貴賓問。

「當然，之所以這樣要求，代表創業者有一段時間都是賺錢的，不然虧損怎麼補得回來呢？你們想想看，從公司設立一直到開始賺錢，大概需要一至兩年的時間吧，當中虧了多少錢？至少好幾千萬，甚至上億哪！如果創業者能把這些都補回來，要不就是公司經營得不錯，要不就以股價溢價補回來，不然就得用眞正的業績補回來；不論如何，都必須好幾個月的時間才補得回來，這也就代表公司這幾個月來都已經兢兢業業做得很好，其實這也是一段觀察期——成人的觀察期，經營團隊都做到了，才有會今天的成人禮。今天的筵席得來不易呀！還不該感謝各位嗎？來，先敬一杯！」傑夫解釋。

「此外，成人禮同時也有宣示達利所投資的公司長大成人的意味。既然成年了，從此以後當奶媽的不必繼續餵奶，當媽媽的也不必再把小孩繫在腰帶上看顧了，因爲這小孩已經茁壯，自己走出一條路了，這就是成人禮的涵義之一。」畢修接著補充。

「有之一那就應該有之二吧？」席間有人問到。

畢修有意這樣說，也是有意等人這樣問的。

傑夫一聽果然有人發問，就笑笑接著說：「其次嘛，我們也是藉著成人禮向董監事和經營團隊宣示所投資公司已經跨過成年的關卡，這是一個很重要的分水嶺；成人禮之前和之後，投資者和創業者無論是在心態或是作法上都不一樣的。」

不等別人問，傑夫就主動解釋了：「先談投資者吧，

第一，在『心態』上，在成人禮前，投資者的角色就像是一位奶媽，對小孩無怨無悔地照顧，有呵護也有要求；可是在成人禮之後，則必須調整自己的心態，因爲小孩已經成年，必須切斷臍帶，讓小孩自由發展，這時候沒有免費的照顧，也不應該有要求，即使有意見也應該是建議才是。

第二，至於在『作法』上，成人禮之前，投資者往往會要求創業者每個月要檢討績效、要檢視進度等等；之後就不能像以前——被投資公司還是小孩子——一樣，沒事就去看他做功課，隨意就去檢查他的房間……。

第三，換句話說，成人禮前，投資者跟經營團隊的每一個重要幹部都要談話、檢討進度等等，尤其是R＆D和業務；成人禮之後，應該像對待一個成人一樣，人家都成年了，你也不方便動不動就隨便進人家的房門，至少要先敲敲門才方便進去吧！」傑夫解釋。

畢修接著補充：「除了傑夫解釋的心態以及作法外，其實『身分』也不一樣。在成人禮之前，投資者幾乎是資源的擁有者，也是付出者，就像爲人父母的，將自動付出視爲理所當然，將幫小孩擦屁股視爲理所當然，小孩惹出問題的時候，爲人父母幫他解決，也視之爲理

所當然；引申到投資者和創業者身上，包括找錢、提供服務、技術引進、客戶引進、通路的安排、策略夥伴的考慮，還有應該和誰交朋友等等，投資者都必須幫創業者一把，而且視之爲理所當然，無怨無悔。

但成人禮之後情況就不一樣了，投資者變成娘家親戚，可以對創業者付出關心，但是不能給太多的干涉。創業者在成人禮之後如果要求投資者提供幫忙，這時候就要付出代價了；之前可以免費，因爲投資者把付出視之爲理所當然，任創業者予取予求。現在既然創業者已經開始賺錢，嘿，該你們表示敬意了。」

畢修說完，傑夫看看眾人，半開玩笑半認眞地說道：「畢修是說，在成人禮之前，我們投資者去看你的時候要帶奶粉、帶東帶西幫助你長大；可是成人禮之後，身爲創業者的你們來看我們的時候，不同囉，你們也要帶一些『伴手』（禮物）來囉！」

「哈哈，我就說爲什麼要辦個成人禮，原來是這樣！」錢總經理看著傑夫，忍不住出言調侃，也終於知道上次打電話向傑夫詢問成人禮的時候，爲什麼會有詭異的感覺了。「宴無好宴！早知道這飯就不來吃了！」錢總經理半開玩笑地補了一句話。

「爲什麼呢？」傑夫故意裝傻。

「因爲在成人禮之前，我可以無窮無盡地要奶，要你來關心我；現在吃過這頓飯，突然之間變成我找你幫忙的時候都要給你代價欸。」

「對啊，本來就是這樣！」傑夫揮揮手，做了個「別鬧了」的手勢後繼續說：「當奶媽到一個程度，當然沒有義務要繼續給你奶水喝，你應該要自己走出一條路了；而且我理所當然應該要求你給我代價，我才能繼續養下一個小孩。本來嘛，身爲投資者的就是爲了『將本求利』，這樣的作法才是將本求利，不然就是『倒貼到底』，若是自古以來投資者都倒貼到底，那誰還願意投資呢？」果然是在商言商，不過也言之成理。

錢總經理其實也沒打算反駁傑夫的說法，只是一時間角色轉換了，在心態上和作法上都要調適，一時間無法適應罷了。想了想，錢總經理拿起杯子，以茶代酒，向傑夫舉杯，說道：「算我說錯話，自己罰！」

「不不不，別這樣說！」傑夫笑臉回應。

「我總結二位的說法，這成人禮前後的最主要差別，第一，之前創業者要依照投資者的要求而行動；以後是創業者要自己走出一條路。第二，以前創業者對投資者所提供的資源視之爲當然；之後呢，創業者對投資者所提供的資源不但要感謝，還要回贈代價，是不是這樣？」經營團隊其中一人說。

「沒錯！」傑夫回答。

這時候服務生又端出一道菜，大家又吃將起來。

成人禮的提醒：創業者切莫過度自信

大快朵頤之際，畢修又補充了另一項差異：「成人禮之前，投資者對創業者所犯的任何錯誤都必須『概括承受』，因爲這時候的創業者還是個小孩子，不過犯的錯大多是小錯；一旦成年了，通過成人禮之後，創業者犯的錯反而都是大錯，譬如說錢太多隨便投資、用人太多，或野心太大到處購併別人的團隊等，這些都是動筋動骨的致命錯誤。」

「這樣說來，不是成年後更需要幫助嗎？」錢總經理有些不解地問。

「沒錯，只是你自己必須感覺到你需要幫助啊！我已經不能主動給你幫助，你要求我幫助，必須給我代價呀！」畢修回答。

傑夫接著說：「根據我們的經驗，創業公司成年後的確更需要幫助，因爲風險更大。不過，有很多創業者以爲自己成年了，自己有錢了，不需要幫助了，自己遇事可以有獨立判斷的能力，於是很多人開始洋洋自得。」傑夫話鋒一轉，提出一句嚴正的警告：「你們仔細觀察，爲什麼很多公司成年後反而垮了？就是因爲太多人過度自信！」

「過度自信？」經營團隊之一重複傑夫的話。

「對，過度自信！」傑夫強調。

「所以這個成人禮對我們也有提醒的用意？」錢總經理恍然大悟地問。

傑夫點點頭，以讚許又認眞的眼神看著錢總經理說：「今天成人禮的儀式，其實也是想提醒經營團隊，今天以後，我們已經不能再要求什麼，只能提供建議了。相對的，明天之後你們如果犯錯，我們這些『親戚』們也只有懲罰了。」就這樣，傑夫和畢修一搭一唱，賦予成人禮提醒的作用，希望經營團隊不要因爲嚐到成功的滋味就志得意滿；反而更需要戰戰兢兢地繼續用心經營。

「那對於我們，你們這些『親戚』是主動提供建議呢？還是被動建議？」錢總經理追問。

「你是創業者，看你要不要來要求囉！倘若你不要求，你決定向東走或向西走，關我什麼事呢？換句話說，要不要主動問，是你自己決定的！身爲投資者，我們就像是一個鐘，『撞之以大者大鳴，撞之以小者小鳴，不撞不鳴』。再打個比方吧，投資者就像是父母，而創業者就像是小孩，小孩來問父母問題，其實我是很感動的，當然會傾囊提供所有建議，不過我總不能過度干涉；倘若小孩不來問我意見，對我而言，因爲小孩成年了，我即使看見小孩做錯了事，我也只能乾著急，就像一個大鐘自己沒辦法發響，一定要有人撞擊才會震動發聲一樣。」

成人禮的宣佈：開始獲利了結

「你的意思是，投資者應該知道自己的分寸，不應該主動干涉太多？」一位董事問。

傑夫點點頭。

「不對啊，萬一創業者做不好，或行爲故意偏差，那我們怎麼辦？」

「當然有辦法！」傑夫笑了笑，神祕地看看畢修。

「我們就賣股票啊！」畢修爽快地接口，「既然創業者已經賺錢了，股價就不是以前投資時那麼低價了，我們當然就開始賣股票了。」

「這樣會不會落人口實，說你不教而殺呢？」另一位董事接著問。

「不不不，我們該教導的，在成人禮之前每個月都已經教過了；不相信的話，你問錢總經理！」

錢總經理點點頭。

「所以怎能說我們是不教而殺呢？事實上，成人禮之前，我們都已經教創業者該怎麼經營公司，該教的都已經教了，包括經營之道、交朋友、找資金、業務，而且還幫創業者引進很多客戶等等；之後當然不能說我們不教而殺了。回到剛剛的話題，成年的創業者自己要不要聽投資者的建議幾乎決定了成敗，所以說重點還是在於創業者會不會過度自信。」

「萬一創業者養成倚賴的心態，動不動就要來請教呢？」有人問。

傑夫笑著回答：「付錢啊！」接著又舉起手搖了搖，「依照我過去的經驗，主動來問的少，因爲大家都以爲自己成年了，大部分的創業者一旦公司開始賺錢了，絕大部分都是過度自信想靠自己走出一條路，反而不希望投資者經常給予幫助。就像你我一樣，二十歲以後的成人，有多少人喜歡父母老是在我們耳邊叮嚀呢？不都認爲父母嘮叨嗎？有多少人會感謝呢？除非我們自己當了父母之後，才會感謝當年的父母恩。」

這時候，畢修也放下筷子，若有所思地說：「說到賣股票，其實成人禮還有另外一層涵義。在心理上，我們必須藉著這樣的儀式來警告自己要摒棄感情因素，以後被投資公司股票好的時候我們才捨得賣，不然會一直割捨不下，不敢賣，因爲感情太重。」

經營團隊中突然有人驚呼一聲，「你這樣一講，我懂了！**原本我還以爲成人禮是慶賀我們『苦盡甘來』，原來這是你們要開始『獲利了結』的宣告筵席了？**」

大家一聽事態嚴重了，趕忙放下筷子，都看著傑夫與畢修兩個人，想聽聽他倆怎麼說。傑夫不動聲色地回答：「你說的沒錯，對投資者而言，我們是將本求利，所以也藉著成人禮來調整自己的心態。成人禮之後，我們就只是投資者，是在旁邊觀看，對創業者來說，我們的身分是親戚，不再是媽媽，因爲小孩已經長大了，我們只能提供建議，而且萬一創業者做不好，我們會狠下心賣股票，獲利了結；相反的，做得好可能就繼續抱股，不過從此以後我們就沒有什麼感情的包袱，純粹從投資及獲利的角度來就事論事了。」

成人禮的涵義：雙方關係商業化、正常化

錢總經理皺皺眉，輕聲問道：「難道眞的沒有什麼**感情因素**存在投資者與創業者之間

嗎？」

傑夫回答：「唯一的感情包袱是在成人禮之前的關心與照護，在這段時間，小孩跌跤了我們會心痛，因爲我們會損失我們的投資，所以必須幫助他，避免他犯錯；等成人禮之後他再跌跤，我們即使勸他，他也不一定會聽我們的，對我們而言，唯一能操作的就是出售股票而已，他做得很好，我們就愈晚出售股票，因爲股票價值會增加；如果他做得不好，我們就盡快獲利了結，以免拖累。所以我們要在成人禮的時候跟各位說清楚，我們雙方都需要調整我們的心態，關係從此以後回歸商業基本面。」

錢總有些感傷地說：「本來嘛！商業就是完全以獲利爲考量，不應牽涉感情因素；但照你這樣說，我們在成人禮之前處處有人照顧；可是吃完成人禮的筵席後卻一切靠自己囉！」

傑夫沒有說話，看看畢修；畢修點點頭，笑著安慰：「長大了，當然要出去打天下，整個天下都是你的舞臺，當然是靠自己了！」

「唉！」錢總嘆了一口氣，「我還以爲是苦盡甘來，原來是你們要我好自爲之！難怪達利將這事情看得這麼愼重，還邀請其他的董事一起參加！」

「事實上，我們希望不只達利在心態和作法上有所改變，也期待所有的投資者都能改變自己的心態，不要再像以前管小孩的方式來管教一個成人；從今以後，我們應該鼓勵多於支持，建議多於要求，這公司才能走出自己的一條路來。」傑夫語重心長地建議。

「哦？看來這成人禮宣示的意味還挺重的咧！」一位董事看氣氛有些嚴肅，趕快以開玩笑的語氣緩頰。

「對了，這只是達利的想法；萬一其他的投資者有不同的看法呢？」其中一名董事試探地問。

「不同看法？指的是哪方面？是心態？作法？還是角色？」傑夫感興趣地問。

畢修不等這位董事回答就搶著說：「在我看來其實都一樣，本來每家投資者就有不同的意見，作法也都不一樣。不過嘛……事實上，如果有投資者想繼續干涉經營團隊的話，我怕經營團隊根本也不會理睬的啦！現在不同以往了，過去公司需要投資者的錢，所以投資者可以講話大聲，可以不客氣地要求經營團隊；可是現在公司已經賺錢，不缺錢了嘛！只要公司一經過成人禮，需要擴充資金的時候，多少投資者會抱著錢來爭取投資機會？試問賺錢的公司要增資，其他的投資者不會像蒼蠅一樣粘著不放嗎？哈得不得了喔！」

「說的也是噢……」剛剛發問的董事臉色有點複雜，想了想，僵著笑容說：「所以大家要認命！我們想干涉人家，人家也不一定理我們，因為就算經營團隊需要錢，也不一定需要從我們這裡拿錢，錦上添花的投資者多得是，哦？是不是？」說罷，看看經營團隊，又看看傑夫和畢修。

成人禮的涵義：正式宣告

傑夫接著解釋：「其實每一家投資者都與我們相同，只不過我們會把我們的改變以及原因做個很清楚的解釋罷了，這樣大家省得誤會，話講清楚總是比較好吧！錢總，你說對不對？」

錢總經理笑笑，沒有說什麼，只是特別地拿起酒杯，滿臉笑容敬出席的每位董事以及傑夫、畢修，並且很有誠意地說：「經營團隊的我們非常感謝各位董事過去幾年的照顧，希望以後可以長期合作，『長期作伙走』！」

大家笑著喝了這杯酒，等放下酒杯，傑夫還是面帶微笑地說：「錢總，謝謝你們幫忙，讓我們可以有這麼好的賺錢機會。過去我們雖然有些幫忙，但是今天你們已經賺錢，還把過去的虧損都補了回來，其實我們也是門前清，兩不相欠，剩下來的就是**『搏感情』了！你們做得漂亮，我們就爽快；你們做得有可議之處，我們當然也是翻臉不認人**。生意嘛，雖然講究的是以和爲貴，總是要共榮共利，這才可長可久，是吧？」

錢總還是抱著一分希望地說：「照你們這樣說，從今以後我們要『千山獨行』囉？」

「可能如此，也未必就一定如此，這要看你自己怎麼做了！你做得好，還怕沒有人主動作伴與幫忙的嗎？擠破頭想攀親帶故的多得是呢！到時候絕不缺我們一家的！如果你做不好、常犯錯，又不願聽我們的建議的話，我們要幫也幫不上忙，不是嗎？獨行與否實在是看你自己了！」

畢修一看該講的都講了，馬上端起茶杯，「我以茶代酒，謝謝各位今天賞光。再次謝謝錢總與經營團隊的努力讓我們可以這麼高興地慶祝公司進入另一個里程碑。既然該說的都說了，讓我們從此只談風花雪月，不談正事；吃菜、吃菜……」說罷忙著招呼大家繼續吃菜，直到甜點端上，大家果然都是閒聊，不談公事。

等吃完成人禮後，錢總與經營團隊一行人送走了傑夫、畢修與其他董事，大家各自離開。錢總一個人回到辦公室後，不知怎麼的，以前加班也是自己一個人，當時都沒有什麼特別的感覺，可是今天卻感覺格外地孤單。創業的路眞的是一條孤寂的、長遠的路呀！

記得公司剛設立的時候，整天募款，三不五時就需要找投資者投資；要拜託員工幫忙，要與團隊搏感情；要自己面對投資者的壓力，要自己出面向投資者拜託幫忙；要面對客戶的挑剔……好不容易公司開始賺錢了，慢慢地把過去虧的錢補回來，公司一切都慢慢上軌道，才剛剛想要喘一口氣，才覺得可以休息一下，沒想到竟然來個「成人禮」！

原來以爲可以與投資者長相廝守的；沒想到投資者早就打定主意，預備獲利了結，隨時下車了！

投資者可以隨時下車，可是創業的我呢？下得了車嗎？

國家圖書館出版品預行編目資料

創業之終結／李志華，陳榮宏著.
-- 初版. -- 臺北市：
大塊文化，2004 [民 93]
面：　公分. --(Touch ; 37)

ISBN 986-7600-59-2(平裝)

1. 創業

494.1　　93010340

LOCUS

LOCUS

LOCUS

LOCUS

15006
30'08